木质纤维生物质的酶糖化技术

MUZHI XIANWEI SHENGWUZHI DE
MEI TANGHUA JISHU

杨 静 邓 佳 史正军 等著

化学工业出版社

·北京·

本书系统地介绍了纤维素酶结构特性及其对木质纤维的典型糖化技术。主要内容包括纤维素酶的制备、木质纤维生物质酶糖化技术、木质素对木质纤维生物质酶糖化过程的影响，高底物浓度木质纤维生物质酶糖化技术。

本书可供生物质能及生物材料的研发人员和生产技术人员使用。

图书在版编目（CIP）数据

木质纤维生物质的酶糖化技术/杨静等著. —北京：
化学工业出版社，2018.6
ISBN 978-7-122-32076-6

Ⅰ. ①木… Ⅱ. ①杨… Ⅲ. ①木纤维-纤维素酶-
生物降解-研究②木纤维-原料-糖化-研究 Ⅳ. ①TQ353.4
②Q814

中国版本图书馆 CIP 数据核字（2018）第 086741 号

责任编辑：赵卫娟　　　　　　　　　　装帧设计：刘丽华
责任校对：宋　夏

出版发行：化学工业出版社（北京市东城区青年湖南街 13 号　邮政编码 100011）
印　　刷：北京京华铭诚工贸有限公司
装　　订：三河市瞰发装订厂
710mm×1000mm　1/16　印张 9¼　字数 152 千字　2018 年 8 月北京第 1 版第 1 次印刷

购书咨询：010-64518888（传真：010-64519686）　　售后服务：010-64518899
网　　址：http://www.cip.com.cn
凡购买本书，如有缺损质量问题，本社销售中心负责调换。

定　　价：68.00 元　　　　　　　　　　　　　　　版权所有　违者必究

前　言

　　随着现代工业的发展及世界人口激增，能源危机、粮食危机、环境危机日益加剧，寻找可再生的绿色能源替代日益枯竭的化石能源成为各国科学研究者关注的焦点。木质纤维生物质中的纤维素和半纤维素高效转化为糖，继而发酵成乙醇和糖基化学品，对开发新能源和新材料、保护环境具有非常重要的现实意义，同时具有经济、生态、环保和社会多重效益；对实现工农业可持续、健康发展具有积极的推动作用，是实现国家经济安全与可持续发展的一项重要技术。

　　本书主要以云南省高校生物质能源创新团队和西南林业大学生物质化学与材料课题组多年来在纤维素降解酶和木质生物质的酶糖化方面的研究成果为素材，全面而系统地介绍了酶糖化降解生物质制备糖基化合物和纤维素乙醇的研究进展。本书具体内容和编写分工如下：第1章介绍纤维素降解酶和纤维素酶的糖化技术的概况，由杨海艳、解思达和朱国磊编写；第2章介绍纤维素酶的制备，由邓佳和张加研编写；第3章介绍木质纤维生物质酶糖化技术，由史正军和徐高峰编写；第4章介绍木质素对木质纤维生物质酶糖化过程的影响，由史正军和杨海艳编写；第5章介绍高底物浓度木质纤维生物质酶糖化技术，由杨静和邓佳编写。

　　本书在撰写的过程中，得到了南京林业大学余世袁教授和勇强教授，以及西南林业大学的杜官本教授和郑志锋教授等专家的指导，在此表示衷心感谢！

　　鉴于编者水平有限，书中难免存在不足之处，恳请读者批评指正。

著者

2018 年 3 月于昆明

目 录

第1章　绪论　1

第4章　木质素对木质纤维生物质酶糖化过程的影响　83

第1章

绪 论

1.1 木质纤维生物质

木质纤维生物质是分布广泛，数量众多的可再生资源，包括阔叶材、针叶材、禾本科植物、农林废弃物以及城市纤维垃圾等。木质纤维生物质主要由纤维素（cellulose）、木质素（lignin）和半纤维素（hemicellulose）组成，此外，还含有少量的果胶、淀粉、色素、无机物等成分，通过化学键或者其他特殊形式连接形成复杂的网状结构。一般在木质纤维生物质中，纤维素含量约占 45%～50%，半纤维素含量约为 10%～30%，木质素含量约为 20%～30%。

纤维素为地球上储量最丰富的有机化合物，是植物细胞壁的主要组成成分，为植物提供承载和支持作用。纤维素是由 D-葡萄糖基经 β-1,4 糖苷键连接而成的线型高分子化合物，糖基数目（即聚合度）为几百至几万个以上。纤维素的性能与葡萄糖单元的个数（聚合度）密切相关，天然纤维素的聚合度在 1000～10000 之间。纤维素分子链上的葡萄糖单元中存在游离羟基，能与相邻葡萄糖基的羟基形成分子内或分子间氢键；单个的纤维素链通过氢键和范德华力以平行取向彼此黏结形成微纤丝，微纤丝相互聚集形成纤丝，纤丝再进一步螺旋缠绕形成更高级的结构，高能的氢键使纤维素水解变得困难；其次，在纤维素的微纤丝之间充满了半纤维素、果胶和木质素等物质，因此，强大的氢键网络使其纤维素大分子具有不同的形态结构、刚性和溶解性等[1,2]。天然纤维素由分子结构紧密、排列规则的结晶区和结构不规则的、无序的无定形区组成，故植物纤维原料中纤维素呈半结晶状态。纤维素这种高度规则的结构使其难以被酶或化学试剂水解，因此纤维素的利用需要经过有效的预处理。

1

半纤维素也是植物细胞壁的主要组分之一，与纤维素和木质素结合在一起，增加了细胞壁的强度[3,4]。与纤维素不同，半纤维素是由多种单糖和糖醛酸组成的一群复合聚糖的总称，是由 2～4 种糖基构成的不均一聚糖，大多带有短的侧链，其聚合度远低于纤维素。组成半纤维素的糖基主要有：D-木糖基、D-甘露糖基、D-半乳糖基、D-葡萄糖基、L-阿拉伯糖基、4-O-甲基-葡萄糖醛酸基、D-半乳糖醛基等。植物纤维原料的种类、地理位置、取材部位、处理方法不同，它们的复合聚糖的组成也是不相同的。针叶木中半纤维素主要为半乳糖-葡萄糖甘露聚糖和阿拉伯糖-半乳聚糖；阔叶木中半纤维素主要为葡萄糖醛酸-木聚糖和葡萄糖甘露聚糖；禾本科植物中半纤维素主要为阿拉伯糖-木聚糖和葡萄糖醛酸-木聚糖。半纤维素主要应用在制浆造纸工业中，对纸浆和纸张性质有一定影响，半纤维素也可用于生产一些高附加值产品，如糠酸、乙醇、木糖醇和低聚木糖等。

木质素存在于植物细胞壁中，赋予纤维原料刚性、防渗、抗微生物攻击及氧化应激等性能。木质素是由愈创木基丙烷（syringyl，S）、紫丁香基丙烷（guaiacyl，G）和对羟基丙烷（p-hydroxyphenyl，H）三种基本结构单元组成的天然高分子聚合物。通常，不同植物的同一部位或者同一植物的不同组织或者细胞层中，这些结构单元的含量各不相同。针叶材木质素为 G 型结构单元，阔叶材木质素为 S 和 G 型结构单元，禾本科植物木质素为 S、G 和 H 型结构单元。木质素结构单元间的连接方式主要为碳-碳键和醚键，醚键是最主要的连接方式，大约占 60%～70%，主要为二芳基醚键、二烷基醚键及烷基芳基醚键。碳-碳键的连接方式有 β-β，β-5 和 5-5 等。此外，木质素大分子具有多种功能基，如甲氧基、羟基和羧基等，其中，甲氧基是木质素最有特征的功能基，针叶材木质素甲氧基含量为 14%～16%，阔叶材木质素甲氧基含量为 19%～22%，禾本科木质素甲氧基含量为 14%～15%。羟基是木质素重要功能基之一，对木质素的化学性质影响较大。羟基存在两种类型：一种是苯环上的醇羟基，另一种是侧链上的脂肪族羟基。除了结构单元之间的连接外，木质素通过共价键与糖类物质连接生成木质素-碳水化合物复合物，形成致密的结构，进一步增加了木质纤维生物质的异质性和结构复杂性[3,4]。

木质素以类似于填充剂的黏结物质的形式分布在细胞壁的各个层次中，增加木材的机械强度和抵抗微生物侵蚀的能力，使木材直立挺拔且不易腐朽。不同类型植物木质素含量稍有不同，其中针叶材木质素含量 25%～35%，阔叶木木质素含量 20%～25%，禾本科植物木质素含量 15%～

25%[5]。在植物细胞壁中，木质素浓度最高的部位是复合胞间层，次生壁的木质素浓度较低，但由于次生壁比复合胞间层厚得多，植物细胞至少70%以上的木质素分布在次生壁中[6]。木质素作为自然界中最丰富的芳香族聚合物，其年产量超过5000万吨。目前，对木质素利用的研究主要集中在胶黏剂、聚烯烃、合成聚氨酯及酚醛树脂等方面[7]，此外，木质素也可通过裂解转化成低分子物质，如香兰素、二甲基亚砜、二甲基硫醚、苯和苯酚及其同系物等[8]。

因此，在木质纤维生物质中，纤维素作为骨架材料，以分子链排列有序的微纤丝状态存在于细胞壁中，而半纤维素通过氢键和纤维素相连，渗透在骨架物质中，木质素是以填充物质形式存在于木质纤维中使纤维素纤维之间黏结和加固，三种组分紧密交织生长，共同构成了坚固的细胞壁结构。植物细胞壁由胞间层、初生壁和次生壁组成。胞间层中不含微细纤维而充满木质素、半纤维素及少量果胶质等成分；初生壁中微细纤维较松散，木质素、半纤维素的密度甚高；次生壁，特别是中层中微细纤维呈有规则排列，木质素、半纤维素的密度则较低。另外在木质纤维原料中还含有少量的果胶、树脂和灰分等化学成分。木质纤维素如此复杂的结构大大阻碍了生物或化学试剂对其的接触，因此，木质纤维生物质被认为是自然界中对化学作用和生物作用抗性最强的材料之一。

1.2　木质素-碳水化合物复合体

1957年，Björkman首次提出木材细胞壁中木质素和高聚糖之间存在着相互作用。日本科学家越岛采用凝胶柱从日本红松中分离出木质素-碳水化合物复合体，证明了其存在，并且意识到木质素和碳水化合物之间存在着物理和化学作用。在植物新生组织中，没有木质素存在，伴随植物组织逐年老化，木质素含量逐年增加，木质素在生物体内的合成过程中产生亚甲基醌中间体，碳水化合物能够与亚甲基醌中间体发生反应，生成木质素-碳水化合物复合体（lignin-carbohydrate complexes，LCC）[9]。Freudenberg[10,11]和Brownell[12]等从木质素与半纤维素化学结构出发，推测出木质纤维生物质的LCC连接键可能存在五种结构：α-醚键、酯键、缩醛键、苯基糖苷键、自由基缩合而成的—C—O—或—C—C—。Fengel[13]和Koshijima[14]通过湿法化学和模型物研究，认为木质生物质中主要的LCC结构有苯基糖苷键、酯键、苄基醚键三种。由于木质素的多变性、复杂性，使LCC也具有多样、复杂和易变的特点[15]。

因此，纤维素、半纤维素和木质素之间并不是简单的物理混合，而是通过共价键和非共价键相互作用相连接。在木材原料中，半纤维素的羟基与木质素苯丙烷结构单元的 α-碳形成酯键和醚键。在草类原料中，半纤维素和木质素通过阿魏酸和对香豆酸形成了酯键-醚键的桥梁结构。木质素与高聚糖之间的连接键包括苯基糖苷键、酯键、缩醛键和 α-醚键等化学键，此外，还有大量的氢键，主要是由于木质素结构单元上有部分没有醚化的羟基，与碳水化合物糖基上的羟基能够形成氢键。目前，已经证实木质素和半纤维素之间存在共价键，纤维素和半纤维素之间不存在共价键，但是对于木质素和纤维素间是否存在共价键还尚未得到确认。尽管 LCC 结构在木质纤维原料中所占的比例相对较低，但这部分复合体引发了如何以化学结构完整的形式从木质纤维生物质中分离木质素、纤维素和半纤维素，以及如何利用合适的手段、有选择性地破坏木质素与碳水化合物之间的化学键是未来植物纤维多糖高效利用领域的重要课题[16,17]。

1.3　木质纤维原料的预处理技术

木质纤维素细胞壁多层次的超分子结构以及细胞壁中半纤维素和木质素对纤维素的包裹构成了生物质的"天然抗降解屏障"，并且纤维素高度规则的结晶结构也进一步妨碍了纤维素的降解。因此，木质纤维生物质的利用需要有效的预处理技术将其致密的结构解离。预处理指溶解和分离生物质主要成分纤维素、半纤维素和木质素中的一种或几种物质，使剩余的固体物质更易被化学或生物方法降解的过程，增加化学或生物试剂对纤维素的可及性。通过预处理，可以脱除木质素对纤维素的保护作用，降低纤维素的结晶度，增加纤维原料的多孔性和化学或生物试剂与底物的接触面积，从而提高后续的酶糖化效率。一般来说，木质纤维原料未经预处理时酶糖化效率不到 20%，经预处理后可达到 80% 左右[18,19]。主要的预处理方法包括物理法（如粉碎、球磨及研磨等）、化学法（如酸处理、碱处理、氧化处理及有机溶液处理等）、生物法以及以上几种预处理方法的结合。预处理示意图见图 1.1。

1.3.1　物理法

物理法[21,22]包括机械碾磨和辐射。机械碾磨可以破坏木质纤维生物质

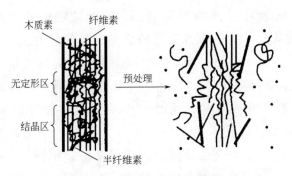

图 1.1 木质纤维素预处理示意图[20]

紧密的细胞壁结构，减小生物质颗粒大小，改变其内部的超微结构，降低结晶度，从而提高纤维素的糖化效率。这种方法是通过人工或者机器破坏纤维素的晶体结构，使纤维素和半纤维素的颗粒变小，增加这两种高聚糖与酶的接触面积。物料经过粉碎后，结晶度下降，聚合度减小，物料的溶解性能迅速增加；当粒径在 $10 \sim 30\mu m$ 之间时，酶解效率将达到 80%。经过机械粉碎的物料体积小，无膨胀性，其物理化学性质发生变化的概率最低，能够得到高浓度的糖化液，但这种方法消耗较多的人力。辐射包括微波和超声波，其中，微波指 300MHz ~ 300GHz 范围的电磁波，微波辐射法的原理是通过微波辐射使木质纤维原料内部的分子碰撞产生热量，使得纤维素、半纤维素和木质素的软化温度达到一致，从而降低纤维素结晶度并提高纤维素的溶解度。微波辐射法的优点是反应的时间较短并且操作非常容易，但该方法必须保持温度在 160℃ 以上，但又不能高于 220℃，否则物料将发生分解，影响预处理效果。

物理方法除了上述的机械粉碎和微波辐射法，还有电子射线、润湿法和热水预处理、冷冻处理等。物理方法可以破坏木质纤维原料结构、增大比表面积、降低纤维素结晶度，但是对设备有较高要求，作用不明显，成本较高，难以实现大规模工业化生产[23,24]。

1.3.2 化学法

化学法预处理主要是利用酸、碱或有机溶剂对木质纤维原料进行处理，除去半纤维素和木质素，破坏纤维素的结晶结构，以及增加纤维素的孔隙度和比表面积。酸处理主要是通过浓酸或稀酸溶解生物质中的半纤维素，尤其是木聚糖来实现破坏其细胞壁的方法。浓酸对设备腐蚀性强，操作和维护成本高，且回收困难，易造成环境污染，同时由于其反应强烈，导致产生的单

5

糖进一步降解，不利于后续的发酵利用，因此浓酸预处理基本上已不被采用。稀酸处理被认为是去除半纤维素较成熟又有效的方法，通常是采用较低浓度的无机酸（H_2SO_4、HCl 和 HNO_3），在一定时间范围内，当温度低于 160℃时，半纤维素可被降解为单糖，且单糖不被进一步降解；当温度高于 160℃时，纤维素也将被降解，同时产生较多的单糖降解物和木质素降解物[25]。虽然稀酸预处理技术已取得许多令人鼓舞的结果，但稀酸处理容易造成单糖的进一步降解，生成糠醛、羟甲基糠醛、甲酸、乙酸以及乙酰丙酸等对纤维素酶和发酵菌有抑制作用的物质，并且高温或酸浓度较高的处理条件会引起木质素的缩合，这些缩合的木质素附着于纤维素表面不仅降低了纤维素的可及度，还会造成木质素对酶的不可逆吸附，进而增加纤维素酶的用量[26]。因此，采用稀酸处理木质纤维生物质时，控制操作条件非常重要。此外，稀酸预处理依然存在着设备腐蚀以及稀酸回收等问题。

碱处理是采用碱溶液 [NaOH、KOH、$Ca(OH)_2$ 和氨水] 处理生物质，通过碱的作用削弱纤维素和半纤维素之间的氢键，皂化半纤维素和木质素之间的酯键，将木质素与碳水化合物分离，并打破木质素之间的酯键和醚键连接的预处理方法。在相同条件下，与其他预处理方法相比，碱处理去除木质素的效果更好，且更容易断裂木质素、纤维素和半纤维之间的酯键连接[27,28]。此外，碱处理不仅具有较强的脱木质素能力，还能降低纤维素的结晶度，并能将原料润胀，增加原料多孔性和内部比表面积。由于 $Ca(OH)_2$ 价格便宜，在碱性预处理过程中应用较多，通常将 $Ca(OH)_2$ 与水混合成浆后喷洒在物料表面，一般在室温下需要几小时至几星期的处理时间，升高温度能够缩短处理时间。与其他碱法预处理相比，$Ca(OH)_2$ 处理优点在于成本低，使用安全，且 $Ca(OH)_2$ 能够通过与 CO_2 形成 $CaCO_3$ 沉淀，再煅烧 $CaCO_3$ 进行回收[29]。碱处理后的生物质需要耗费大量的水进行洗涤，以利于纤维素酶解，并且碱处理液会造成环境污染，需要采取合适的措施降低污染。

有机溶剂处理是采用多种有机溶剂（乙醇、甲醇、丙酮、有机酸、过氧有机酸和乙二醇等），在高温条件下，添加或不添加催化剂的条件下，单独或联合处理生物质的过程。生物质经过有机溶剂处理后，大部分的木质素和半纤维素被去除，纤维素几乎被全部保留。与其他化学处理相比，有机溶剂处理具有溶剂易于回收、环境污染小、回收的木质素品质高等优点；回收的高品质木质素可进一步用于生产抗氧化剂、分散剂、聚氨酯材料及环氧树脂等高附加值产品。但有机溶剂成本及回收成本均高，并且有机溶剂处理需要在完全密封的装置中进行[30]。

1.3.3　生物法

生物法预处理是利用微生物或微生物产生的酶来分解木质纤维原料中的木质素和半纤维素，增加木质纤维原料对酶的可及性。微生物主要包括褐腐菌、白腐菌和软腐菌；酶主要是指白腐菌分解植物纤维原料中的木质素时产生的漆酶、木质素过氧化物酶和锰过氧化物酶[31]。尽管白腐菌具有较强的分解木质素能力，但其除分解木质素外，还产生分解纤维素和半纤维素的纤维素酶、半纤维素酶，造成纤维素和半纤维素的部分损失。Taniguchi[32]采用白腐菌（pleurotus ostreatus）处理稻秆 60d，发现与未处理稻秆相比较，样品中酸不溶木质素和综纤维素减少了 41％和 65％；经白腐菌处理的稻秆中 52％的综纤维素可被酶水解，而未处理稻秆中仅有 33％的综纤维素发生了酶降解。生物法具有作用条件温和、专一性强、环境污染小、处理成本低等优点，但也存在木质素降解微生物种类少，木质素分解酶类的酶活低，处理时间长等技术问题，这些都需要进一步研究，才能拓展生物法预处理的实际应用空间。

1.3.4　联合法

联合法预处理主要是采用物理和化学相结合的方法，包括高温液态水预处理、蒸汽爆破预处理、氨纤维爆破预处理、CO_2 爆破预处理和湿氧化预处理。高温液态水预处理是在高压水饱和蒸气压下，使水在 160～240℃范围内保持液体状态，水自发电离出来的水合氢离子可作为催化剂，参与生物质的降解反应。生物质经过高温液态水处理后，几乎全部的半纤维素和部分木质素被去除，纤维素几乎被全部保留，但整个过程耗水量大，能量消耗大，不利于工业化生产。蒸汽爆破预处理是目前认为最有潜力的预处理方式，主要是用加压蒸汽处理生物质数秒至数分钟后突然卸压，使渗入到生物质内部的水分瞬间变为蒸汽，破坏生物质结构，降解半纤维素和木质素，分离出纤维素，处理效果与温度、处理时间和物料颗粒大小等因素相关。蒸汽爆破处理生物质可比较完整地回收生物质的各种组分，具有更好的节能前景，并且成本投入低；其缺点在于半纤维素的降解物会对后续酶解和发酵产生不利影响[33]。为了使蒸汽爆破的效果更好，在较温和条件下（通常是常温）把生物质置于酸液、碱液或有机溶剂中浸泡一段时间后，再进行蒸汽爆破，其效果要明显好于单纯的水蒸气爆破，如今各国研究者热衷于氨纤维爆破处理和 CO_2 爆破处理[34]。湿氧化预处理是在一定时间内，温度高于 120℃ 的条件下，以氧气或空气作为加压气体，对浸没在水中的生物质进行处理的过程。湿氧化对某些生物质的处理效率很高，可以破坏纤维素的结晶结构，且在湿氧处理条件下，脂肪族醛和饱和 C—C 键的反应很强烈，糖类降解产物会进一步分解生成 CO_2、糠醛和 5-羟甲基糠醛等，但其浓度很低，不会对后续发酵造成不利影响[35]。木质素会被分解成 CO_2、H_2O 和一些简单的有机氧化物，主要是小分子量的羧酸；但是氧气的成本高，不利于工业化生产。

如何提高预处理的效率和降低预处理成本已成为木质纤维生物制备糖平台化合物研究的核心目标。预处理技术的研究应结合原料的结构特点和组分性质，联合使用不同预处理方法，尽可能采用成本低、处理效果好、环境污染少、对后续工艺无毒等特点的多元化集成预处理技术；同时，通过科学技术创新来寻求新型的预处理技术，完善和开发更加高效、无污染且成本低的预处理技术，将是今后生物质预处理技术的发展趋势。

1.4　纤维素酶

自 1906 年 Serlliere 在蜗牛的消化液中发现纤维素酶之后，人们对纤维素酶的组成性质、作用方式、分离提纯、测定方法、固定化和工业应用等作了大量的研究工作，其中以纤维素转化为葡萄糖作为主要目标。但纤维素酶及其作用的底物非常复杂，影响因素繁多，糖化速度缓慢，酶的利用率低，酶解效率不高，所以实际应用还存在许多困难。

1.4.1　纤维素酶的来源

纤维素酶的来源广泛，在一定条件下真菌、细菌和放线菌等都能产生纤维素酶，一些原生动物、软体动物、昆虫和植物的组织也可分泌纤维素酶。不同微生物产生的纤维素酶的各组分比例有显著差异，且降解纤维素的能力也各不相同。其中，放线菌耐受高温和酸碱，但由于生长繁殖慢，且纤维素酶的产量低，研究较少。细菌的纤维素酶产量不高，且以内切酶为主，大多数酶对结晶纤维素没有活性，主要为中性和碱性纤维素酶，这种纤维素酶在纺织工业和洗涤剂工业中有着广泛的应用前景和经济价值，并且很多细菌能够产耐热纤维素酶，具有很大的研究价值，目前的研究主要集中在纤维黏菌属、生孢纤维黏菌属、纤维杆菌和芽孢杆菌属。真菌的纤维素酶产量较高，研究最广泛的是木霉属（trichoderma）、曲霉属（aspergillus）和青霉属（penicillium）的菌株，多为丝状真菌，其中木霉属分泌的纤维素酶成分最全、酶活最高，如里氏木霉、绿色木霉、康氏木霉等是目前公认的生产菌种，研究得最多而又最有工业应用价值的是真菌中木霉属的里氏木霉。野生型的里氏木霉合成的纤维素酶酶活低，自 20 世纪 60 年代以来，以获得能够产生高酶活的纤维素酶生产菌株为目的，对里氏木霉菌株进行了一系列的诱变育种工作，获得了一些性能优良的菌株，主要包括 QM9414、Rut C30 和 MCG77。其中诱变菌株 T. Reesei Rut C30 具有较好的抗"代谢物阻遏"的能力。

除此之外，动物体内也存在内源性纤维素酶，已在线虫、白蚁、甲虫、福寿螺等动物体内发现了内源性纤维素酶，并且动物来源的纤维素酶在很多方面显示出与真菌、细菌纤维素酶不同的特性，如从福寿螺胃液中分离纯化得到一种分子量为 41.5kDa 的内源性纤维素酶 EGX，它是一种多功能纤维素酶，能够水解对-硝基苯酚纤维二糖苷、微晶纤维素、羧甲基纤维素、桦木中的可溶性木聚糖以及燕麦木聚糖等底物，是一种具有外切（β-1,4）葡聚糖酶、内切（β-1,4）葡聚糖酶和内切（β-1,4）木聚糖酶三种酶活性的多功能纤维素酶[36]。不同来源纤维素酶所具有的不同特点为纤维素酶的改性创造了良好的条件。

1.4.2 纤维素酶的组成和结构

纤维素酶是一种对纤维素大分子的降解具有特殊催化作用的活性蛋白质，分子量在 50000～150000，是降解纤维素成为葡萄糖单体所需要的一组酶的总称，属于含多组分的复合酶系，其中的三种主要组分为内切型（β-1,4）葡聚糖酶、外切型（β-1,4）葡聚糖酶和 β-葡萄糖苷酶，而每一种组分又由若干亚组分组成，在降解天然纤维素时必须依靠这三种组分协同作用才能将其彻底降解成葡萄糖[37,38]。

内切葡聚糖酶系统命名为 1,4-β-D 葡聚糖水解酶（EC3.2.1.4），也称内切纤维素酶或 Cx 酶。它以随机形式水解 β-1,4-葡聚糖，作用于较长的纤维素链，对纤维素末端的敏感性比中间键小，主要产物为纤维糊精。外切葡聚糖酶系统命名为 1,4-β-D-葡聚糖纤维二糖水解酶（EC 3.2.1.91），也称为纤维二糖水解酶（CBH）、外切纤维素酶和 C_1 酶。CBH 能从纤维素链的非还原端或还原端一个一个地依次切下纤维二糖单位。单独作用于天然结晶纤维素时酶活比较低，但能在内切葡聚糖酶的协同作用下，彻底降解结晶纤维素。β-葡萄糖苷酶也称纤维二糖酶（EC 3.2.1.21），它能水解纤维二糖和短链的纤维低聚糖生成葡萄糖，对纤维二糖和纤维三糖的水解很快，随着葡萄糖聚合度的增加，水解速度下降。这种酶的专一性比较差，它能作用于所有的葡萄糖 β-二聚物，包括水杨苷、对硝基苯葡萄糖苷等葡萄糖的芳香基衍生物[37~39]。

大多数纤维素酶分子都由一个或多个催化结构域（CD）和纤维素结合区（CBD）组成，中间由一段可辨认的连接肽连接，只有少数微生物和高等植物产生的纤维素酶不具有这类结构域。CBD 可以使参与纤维素降解的各种酶高效地吸附于纤维素上，使其与各自的底物更加接近，待纤维素被纤维素酶降解到一定程度时，各个酶就可以立刻有效地作用于各自底物。CBD 在结晶纤维素的水解过程中扮演着极为重要的角色，当缺失结合域时，外切纤维素酶对结晶纤维素的反应效率明显降低，这主要由于纤维素酶结合域不仅能够增加纤维素表面有效酶的浓度，也能够将表面的单个纤维素分子链解离出来，从而提高纤维素酶的反应活性。催化域和结合域是酶的主要结构部分，分别与酶的催化和酶与纤维素分子的结合有关；连接部位则连接催化域和结合域，使催化性能不受结合域的限制。由于连接部位的存在，结合域与纤维素结合后，催化域仍能够以被固定在纤维素上的结合域为中心摆动，从而与邻近的纤维素分子上的 β-糖苷键结合并发生反应[37]。

1.4.3　里氏木霉纤维素酶

理想的纤维素酶生产菌株必须具备在温和预处理条件下能够产生分解纤维素的、活力高、酶系结构合理的纤维素酶；在产酶温度下菌种的生理特性稳定，菌种具有抗抑制物和抗剪切的能力。里氏木霉生产纤维素酶的特点：①里氏木霉生产纤维素酶产量高，而且可以通过物理或化学诱变获取高产菌株；②里氏木霉容易培养和控制，生长环境粗放，适应性较强，容易控制；③里氏木霉产纤维素酶的稳定性好，在通常的生产条件下，能够稳定地用于生产，不易退化；④里氏木霉产生的纤维素酶容易分离纯化，其产生的纤维素酶是胞外酶，反应完成后，纤维素酶容易与菌体分离纯化得到所需的酶；⑤里氏木霉及其代谢物安全无毒，不会影响生产人员和环境，也不会对纤维素酶的生产造成不良影响。

　　里氏木霉生产的纤维素酶系各组分结构较为合理，包括两个外切酶（CBHⅠ和CBHⅡ，20%～36%），五个内切酶（EGⅠ、EGⅡ、EGⅢ、EGⅣ、EGⅤ，60%～80%）和两种β-葡萄糖苷酶（β-GⅠ和β-GⅡ，1%）[38]。CBHⅠ的三维结构表明它包含由四个表面环所构成的一个长50Å（1Å=10^{-10}m）的隧道，CBHⅡ具有一个由两个表面环所构成的长20Å的隧道。EGⅠ中不含有隧道结构，只有凹槽结构，EGⅢ也有类似的结构[39]。里氏木霉纤维素酶的外切葡聚糖酶分子量一般在59～68kDa左右，等电点3.5～4.2；CBHⅡ对其他相关酶组分的表达调控具有关键的作用，分子量50～58kDa，等电点5.1～6.3。内切葡聚糖酶分子量20～55kDa，等电点3.8～7.5，其中EGⅠ表达分泌量约占其产生的胞外蛋白质总量的10%。一般β-葡萄糖苷酶的分子量70～114kDa，等电点4.5～8.7[40~44]。因此，里氏木霉能够分泌完全的纤维素酶系，被公认为是目前最具有工业应用价值的纤维素酶生产菌株。

1.4.4　纤维素酶的合成

　　酶的生产和合成离不开高产的菌种、合适的碳源及发酵条件，因此降低纤维素酶生产成本的研究主要集中在筛选高产菌种、寻找廉价碳源及优化发酵条件上。

　　（1）纤维素酶生产菌株的筛选及诱变

　　从自然界直接筛选得到的野生菌株其产酶能力一般较弱，野生菌种需通过诱变育种提高纤维素酶酶活及产量，如 T. Reesei RUT C30 是从野生型 T. Reesei QM 6A 经过一系列诱变得到的纤维素酶高产菌株。目前常采用的诱变方法主要有紫外光、γ射线、EMS（甲基磺酸乙酯）、硫酸二乙酯和亚硝基胍（NTG）等。采用紫外光、硫酸二乙酯和亚硝基胍三种诱变方法对绿色木霉 TV-96 进行诱变以提高其产酶能力，紫外光、硫酸二乙酯和亚硝基胍的最佳诱变时间分别为：120s、35min 和 2.5min；在得到的 31 株突变株中有 22 株的产酶能力比原始菌株（出发菌株）高，其中突变菌株 NTG8 的产酶能力最高值为 437μg/mL·min，是原始菌株的 2.03 倍，并具有较好的遗传稳定性[45]。P. Janthinellum NCIM 1171 经 EMS 处理 24h 及紫外照射 3min 后，得到一株能够利用结晶纤维素的突变株[46]。T. Citrinoviride 经 EMS 诱变后得到一株诱变株，其滤纸酶活、内切葡聚糖酶酶活、β-葡萄糖苷酶酶活和纤维二糖酶酶活分别比原始菌株提高了 2.14 倍、2.10 倍、4.09

倍和 1.73 倍[47]。这些诱变方法可以单独使用，也可以复合使用。T. Atroviride 为一株经过 NTG（亚硝基胍）和紫外多重诱变得到的突变株，它具有产 β-葡萄糖苷酶酶活高的特点。当以汽爆柳树为碳源，T. Atroviride 的突变株 TUB F-1724 所产 β-葡萄糖苷酶的酶活为 11.70IU/mL，是相同条件下 T. Reesei RUT C30 所产 β-葡萄糖苷酶酶活的 167 倍[48]。

　　除了传统的物理化学诱变，原生质体融合也广泛地应用于菌种改造中。原生质体融合是指在诱导剂或促融剂作用下，两个或两个以上的异源（种、属间）细胞或原生质体相互接触，从而发生膜融合、胞质融合及核融合并形成杂种细胞的现象，也称为细胞杂交。该技术主要用于改良微生物菌种特性、提高目标产物的产量、使菌种获得新的性状、合成新产物。T. Reesei Strain PTr2 进行株间融合，得到的融合株，其 CMC 酶活是原始菌株的两倍[49]。也可将原生质融合技术应用到不同纤维素酶生产菌之间，以获得酶系全面的高产菌株，如将 T. Reesei QM 6A 与 P. Echinulatum 融合得到的一株融合株进行液体培养，其滤纸酶活达到 2FPIU/mL[50]。虽然原生质体融合育种的研究逐渐增多，但到目前为止，还未获得具有应用价值的、遗传稳定的融合株。

　　近十几年来对真菌木霉属纤维素酶基因做了大量的研究，以期构建高效表达纤维素酶的菌株，其中对里氏木霉基因研究比较透彻。已克隆了 CBHⅠ、CBHⅡ、EGⅠ、EGⅡ、EGⅢ、EGⅣ、EGⅤ、BGⅠ、BGⅡ等纤维素酶基因，在 E. Coli 中得到了表达，并测定了这些基因的核苷酸序列[51~53]。但纤维素酶在大肠杆菌中的分泌表达水平很低，而且提取很困难。近年来，工业上用一些生长速度快、不产毒素、易于培养、能将产物直接分泌到胞外的木霉或酵母作为表达异源蛋白的理想宿主系统。如在酿酒酵母中分别表达了 4 种真菌来源的外切酶[54]，这 4 种外切酶在酿酒酵母中都能够得到表达，且能够降解磷酸润胀纤维素和细菌微晶纤维素，但相对于内切酶和 β-葡萄糖苷酶，其表达水平低。此外，外切酶在酵母中表达有一个翻译后修饰的过程，在此过程中外切酶重建二硫键、糖基化，但高度糖基化的外切酶对结晶纤维素的亲和力比天然酶低。肖志壮等将 T. Reesei 内切葡聚糖酶Ⅲ基因在酿酒酵母中成功得到分泌型表达，并发现其 mRNA 5′端先导序列中可能存在影响该基因表达水平的调控序列；又将 T. Reesei 的外切葡聚糖纤维二糖水解酶 CBHⅠ基因和 EGⅠ构建到酿酒酵母中，得到的重组酵母能在酶自身信号肽序列引导下进行分泌型表达，但酶活不高[55,56]。刘北东等以绿色木霉 AS3.3711 为研究对象，也先后将 EGⅠ、EGⅢ和 EGⅤ构建到酿酒酵母中，成功获得分泌型表达，但酶活普遍不高，只有 0.04～0.06IU/mL[57,58]。将 T. Reesei β-葡萄糖苷酶基因 BGⅠ、BEⅡ整合到工业酿酒酵母染色体 DNA 后，转化子能以纤维二糖为碳源生长[59]。

不同微生物所产纤维素酶的酶系有所不同，T. Reesei 的纤维素酶是以外切酶和内切酶为主，β-葡萄苷酶的含量较少，而黑曲霉则是重要的产 β-葡萄苷酶的菌种，它所分泌的酶中内切和外切酶的含量很少。为了提高纤维素酶的水解效果，可将不同的菌种混合产酶，形成优势互补，改善纤维素酶各组分间的配比。混合菌发酵产酶中对黑曲霉和里氏木霉的混合培养研究较多[60~62]。用黑曲霉 PK3 和里氏木霉 MTCC164 按 3∶1 混合发酵，结果发现内切和外切葡萄糖苷酶酶活提高 20%～24%，β-葡萄糖苷酶酶活提高 13%[61]。黑曲霉和烟曲霉混合产酶也获得了较好的效果，研究表明这两种霉菌按一定比例接种进行混合发酵时，纤维素酶组分的活性较单菌发酵大幅度提高，滤纸酶、微晶纤维素酶和羧甲基纤维素（CMC）酶酶活分别较单菌发酵提高 2.2%～51.1%、20.7%～332.6%、29.4%～299.6%[62]。但混合菌发酵产酶也存在如何协调不同菌种之间的产酶条件，及它们的代谢产物是否会抑制彼此等问题。

细胞的固定化是利用化学和物理的手段将游离的细胞定位于限定的空间区域，并使其保持活性和反复使用的一种技术，它克服了游离的细胞在生产中对环境敏感、性质不稳定及产物难以分离提纯的缺点。固定化细胞的工业化应用与游离细胞相比，可降低产物的生产成本，有利于提高产物的制备效率，实现连续化生产。纤维素酶的生产菌种主要是丝状真菌，用于产酶的底物主要是固体纤维质原料，而一般的固定化材料和方法，如包埋法和交联法会阻碍菌丝体与底物的接触，不适合应用在纤维素酶制备中。夏黎明等[63]采用多孔聚酯材料固定 T. Reesei Rut C30 菌丝细胞，将固定化细胞在生长限制条件下重复分批培养，让纤维素酶的合成和玉米秸秆的酶解糖化耦合在一个反应器中同时进行。连续重复进行 12 次分批培养实验，滤纸酶活平均为 0.70IU/mL，还原糖 26.41g/L，糖化率达到理论值的 89.11%。利用固定化里氏木霉产酶，工艺简便、成本低廉，易于连续自动化操作，是一条有效利用可再生纤维素资源的新途径。丝瓜瓤是一种天然多孔高分子材料，但它本身是木质纤维类原料，能被纤维素酶降解，因而并不适合直接用做载体，需通过一定的方法对其改性以增加其对纤维素酶的稳定性。对丝瓜瓤进行乙酰化后，大大增加了其对纤维素酶的稳定性，延长了使用寿命，是一种较好的产纤维素酶菌种的固定化材料[64]。

（2）寻求廉价的纤维素酶生产用底物碳源

纤维素酶的产量和酶活与碳源、氮源、磷、碳氮比、微量元素、pH、溶氧和接种量等多种因素有关[46,65]。凡是可作为微生物细胞结构或代谢产物中碳架来源的营养物质，称为碳源。微生物对碳元素的需求最大，细胞干物质中的碳约占50%。碳源物质通过有机体内一系列复杂的化学反应，最终构成细胞物质或为机体提供完成生命活动所需的能量，所以碳源往往也是能源物质。对大多数微生物而言，糖类是最好的碳源。但碳源同时又是酶诱导物的主要来源，碳源的性质和类型直接影响酶的合成和酶活，而且碳源也是影响酶生产成本的重要因素之一。用于纤维素酶合成的碳源包括可溶性物质（乳糖、纤维二糖和木糖等）和不溶性物质（纤维素、半纤维素、乳清、玉米秸秆、蒸汽爆破木材和麦麸等农业废弃物）。对于不溶性碳水化合物，菌种生长和酶分泌的关系目前还不清楚。使用可溶性碳水化合物为碳源可以加快菌株的生长而缩短产酶时间。T. Reesei 以 13.5g/L 的淀粉水解液为碳源，产酶 6d，滤纸酶活和纤维二糖酶活分别为 2.52IU/mL 和 0.28IU/mL；在此淀粉水解液中加入 1g/L 的山梨糖可将滤纸酶活和纤维二糖酶活提高到 3.72IU/mL 和 0.53IU/mL[66,67]。Fang 考察了多种碳源诱导 A. Cellulolyticus 产纤维素酶的能力，发现只有乳糖、纤维二糖和 Solka floc 纤维素有较好的诱导产酶能力，并且乳糖与 Solka floc 纤维素混合使用的效果优于两者单独使用[68]。但可溶性碳源相对价格贵，从而导致纤维素酶的成本提高。

用于产酶研究的固体碳源主要是纤维类物质，不同的纤维材料对酶的合成能力不同。P. Echinulatum 以滤纸、羧甲基纤维素、羟乙基纤维素、桦木木聚糖、燕麦木聚糖和微晶纤维素为碳源产纤维素酶，酶活分别为 0.27IU/mL、1.53IU/mL、4.68IU/mL、3.16IU/mL、3.29IU/mL、0.1IU/mL[69]。对大多数产纤维素酶的微生物而言，纤维素是最好的碳源，但纯纤维素价格昂贵，不适合大规模工业生产。因此研究者将目光投向农林废弃物、废纸等富含纤维素的生物质原料，以期找到廉价、高效的碳源，这些材料一般不能直接用作碳源，需通过一定的预处理方法使原料结构更适于微生物利用，其中蒸汽爆破生物质的产酶效果较好。但也有研究认为木质素和木质素-高聚糖复合体（LCC）对纤维素酶存在抑制作用[70]。碳源不仅影响纤维素酶的产量而且影响纤维素酶的组成，研究表明里氏木霉使用纤维素或乳糖，其纤维素酶系组成较使用其他的碳源合理。Juhász 比较了不同碳源（蒸汽预处理的云杉、柳树、玉米秸秆和脱除木质素的生物质原料）下 T. Reesei 产的纤维素酶，以玉米秸秆为碳源合成的纤维素酶和内切葡聚糖酶的酶活都比脱除木质素的生物质为碳源合成的纤维素酶酶活高，而使用云杉和柳树培养基的酶活较低[71]。当然，培养基中碳源浓度也很重要的。Xia 使用玉米芯为碳源，里氏木霉摇瓶发酵生产纤维素酶，当碳源浓度为 40g/L 时，纤维素酶酶活达到 5.25IU/mL；提高底物浓度，纤维素酶酶活提高，但需要更长的发酵时间，而且纤维素酶生产力（cellulase productivity）下降[72]。白腐菌使用橘皮和柑橘树皮为碳源，橘皮浓度从 1% 提高到 8%，纤维素酶酶活从 2.2IU/mL 提高到 4.2IU/mL；树皮浓度从 1% 提高到 6%，纤维素酶酶活提高 95%[73]。

（3）纤维素酶生产的发酵条件优化

纤维素酶的生产主要有液体和固体发酵两种形式。液体发酵适于大规模工业生产，是目前国际上的主要生产方式，但发酵成本较高。固体发酵以农作物秸秆等纤维废弃物为主要原料，工艺简单，成本低廉。

液体发酵中，底物浓度、初始 pH、搅拌速度等都对纤维素酶的生产有影响。纤维素酶是一个混合酶系，通过调节 pH 可以提高酶系中某一组分的产量。研究发现，在 T. Reesei 中初始 pH 并不影响最终酶活，但对纤维素酶合成速率和 β-葡萄苷酶酶活有较大影响。当控制整个产酶过程的 pH 为 5.0 时，纤维素酶合成速率大大提高；pH 为 6.0，纤维素酶合成速率达到最大，但在产酶后期纤维素酶出现失活现象[74]，pH 接近中性有利于 β-葡萄苷酶的合成[75]。液体深层发酵过程中，培养基中的溶解氧对于产酶有很重要的影响。产酶过程中，细胞需要分子态的氧作为呼吸链，电子传递系统末端的电子受体与氢离子结合生成水；在呼吸链的电子传递过程中会释放大量的能量，供细胞维持、生长和合成纤维素酶使用。通常可以通过改变通气量或者搅拌速度调节培养基中的溶解氧。Hayward 在 7L 发酵罐中（装液量 2.5L）研究气体喷射速度、供氧和搅拌速度对 T. Reesei L27 产酶的影响。在整个试验过程中溶氧保持在 20% 以上饱和氧浓度，发现在供氧时将搅拌速度控制在 450r/min，喷射速度在 0.7~1.4vvm（每分钟通气量与罐体实际料液体积的比值），或是不供氧时将喷射速度控制在大于 2.5vvm 时都可将纤维素酶酶活由 4FP IU/mL 提高到 8FP IU/mL（发酵 7d）[76]。除此之外，随着发酵罐体积的增大及使用碳源的种类的不同，都会对氧的吸收速率和体积传质系数产生影响[77]。当然，同时控制两个或两个以上的影响因素要比只控制一个影响因素的效果好。如在 10L 发酵罐中，只控制产酶过程的 pH，只能使纤维素酶酶活由 1.87FP IU/mL 提高到 2.79FP IU/mL，但如果同时控制溶氧在 20%~30%，可使酶活进一步提高到 3.54FP IU/mL，并且使产酶周期由 84h 缩短到 72h，使得纤维素酶的生产能力提高 89.3%，生产效率提高 120.9%[78]。

与液体深层发酵相比，固体发酵易染杂菌、难扩大生产，但具有工艺简单、成本低廉及产率高的特点。Gao 采用 A. Terreus M11，以玉米秸秆为碳源固态发酵产纤维素酶，产酶 96h，滤纸、内切葡聚糖及 β-葡萄苷酶的酶活分别达到 243IU/g、581IU/g 和 128IU/g[79]。通过优化固体发酵过程中的湿度与温度，使 T. Reesei RUT C30 以麸皮为碳源所产纤维素酶酶活由 0.605IU/g 提高到 3.8IU/g，提高了 6.2 倍[80]。固体发酵中加入少量的表面活性剂也可以提高酶活。如加入鼠李糖脂在产酶高峰期可以使酶活提高 20%～25%，在产酶后期使外切酶酶活和纤维二糖酶酶活提高 22.6% 和 57.6%，且生物表面活性剂的效果优于化学表面活性剂[81]。难以大规模生产一直是制约固体发酵的瓶颈，为了解决这一问题，工业规模的反应器设计成为研究重点。压力脉动固态发酵反应器借鉴了液体深层发酵的无菌操作技术，在管道输送、装盘上实现了严格意义上的无菌操作，且易于工程放大，达到了现代发酵工业的要求，已成功地从实验室的 2L、50L、800L 放大到 25m³、50m³、70m³ 的工业级生产规模[82]。50L 的压力脉动固态发酵反应器中，斜卧青霉在优化条件下（最佳压力脉冲范围、脉冲频率及气体内循环速率），以汽爆秸秆为底物，动态培养发酵周期 60h 比静态发酵周期 84h 缩短了 1/3，酶活为 20.36IU/g，比静态酶活（10.82IU/g）提高了 1 倍[83]。

（4）纤维素酶合成过程的控制

里氏木霉合成纤维素酶包括：①菌丝细胞生长阶段，在这一阶段细胞浓度升高，而纤维素酶不分泌或很少分泌；②酶的合成和分泌阶段，菌丝浓度变化不大，而纤维素酶产量增加。细胞生长和酶的合成阶段需要不同的 pH 值和温度，细胞的生长最适温度在 32～35℃，而酶合成的最适温度在 25～28℃；同样在细胞生长阶段最适 pH 为 4.0，而纤维素酶的合成需要的 pH 为 3.0[84]。因此，纤维素酶合成的两个阶段可以指导产酶工艺的优化：在分批培养和补料分批培养的不同阶段需要不同的 pH 和温度；而连续培养中可以很好地控制酶合成的两个阶段，在第一阶段细胞浓度大量提高，而第二阶段仅用来产纤维素酶。

分批补料培养（FBC），又称半连续培养，是在分批培养过程中，间歇或连续地补加一种或多种成分的新鲜培养基的培养方法。相比于分批培养，FBC 具有以下的优点：①可以解除底物抑制、产物反馈抑制和分解产物阻遏；②可以避免在分批发酵中因一次加料过多造成细胞的大量生长所引起的一切影响，改善发酵液流变学的性质；③可以作为控制细胞质量的手段，以提高发酵孢子的比例；④可作为理论研究的手段，为自动控制和最优控制提供实验基础。而相对连续发酵，FBC 不需要严格的无菌条件，生产菌也不会产生老化和变异等问题。在 20L 反应器中利用纸浆纤维为碳源，分批补料培养，总底物浓度为 232g/L，11d 后纤维素酶酶活达到 57IU/L[85]。Bahia Amouri[86]采用补料分批培养，第 4 天和第 7 天加入纤维素，其第 8 天的纤维素酶酶活和 CMC 酶酶活比第 4 天都提高 3 倍以上。在分批培养中，菌体浓度、营养物质浓度和产物浓度随培养时间不断变化，当营养物质耗尽或有害代谢产物大量积累时，菌体和产物浓度不再增加，培养过程结束。为了解决分批培养的不足，连续培养技术被开发出来，其具有以下优点：①减少开始和结束导致的停工时间；②发酵稳态下容易控制；③产品质量稳定。而分批发酵可以减少菌种的退化危险，同时发酵过程中杂菌污染概率低。在连续培养中，不断向反应器中加入培养基，同时从反应器中不断取出培养液，培养过程可以长期进行，并且往往可以达到稳定状态。

1.4.5　纤维素酶的应用

纤维素酶水解纤维素具有条件温和、催化效率高、专一性强、设备要求简单，且绿色环保等特点，随着研究的不断深入，以及不同特性纤维素酶的发现，现已广泛用于食品、造纸、纺织、饲料、生物能源等领域。

在酿造行业，采用固体发酵工艺生产白酒过程中添加纤维素酶，可同时将原料中的淀粉和纤维素转化为糖，再经酵母发酵转化为乙醇，使乙醇得率提高 3％～5％，酒体质量纯正。在酱油酿造中添加纤维素酶，可使大豆类等原料的细胞膜膨胀软化破坏，使包藏在细胞中的蛋白质、糖类物质释放，从而缩短酿造时间，提高产率和品质，使氨基酸还原糖含量增加。

在饲料行业，常见的畜禽饲料如谷物、豆类、麦类及加工副产品等都含有大量的纤维素。纤维素酶是畜牧业中的一种新型饲料添加剂，可以弥补畜禽内源性纤维素酶的不足，提高饲料的利用率，能使畜禽最大限度地利用饲料，降低饲料成本。在纺织工业中，纺织品的天然纤维素纤维结构复杂，结晶度高，利用纤维素酶对纤维素纤维织物进行生物整理后，可使纺织物膨松、柔软、表面光滑，清除毛羽、棉结，织物光泽、色泽和鲜艳度明显改善。

在食品加工行业，大多数果蔬中不同程度地含有纤维素，在加工过程中采用纤维素酶作适当处理,可以使植物组织软化,改善口感,简化工艺。

在洗涤剂工业中,碱性纤维素酶主要是内切葡聚糖酶,可选择性吸附在棉纤维非结晶区,使棉纤维膨松,水合纤维素分解,使纤维上的胶状污垢脱落。

在石油开采中,纤维素酶制剂可以作为石油开采中的破乳剂,具有专一性强、无副作用、对地层和环境无污染的优点。

纤维素酶将来最大的用途是用于纤维素乙醇的开发,自 20 世纪 70 年代石油危机以来,世界各国都致力于开发新的可再生能源——生物乙醇。利用纤维素酶降解木质纤维生物质产生葡萄糖进而发酵获得生物乙醇,可以避免对粮食作物的大量损耗;或者利用基因工程把纤维素酶基因克隆到酿酒酵母中,可直接将纤维素转化来生产乙醇。

1.5 纤维素酶的糖化

1.5.1 纤维素酶的吸附

木质纤维生物质的酶糖化过程是由纤维素酶来完成的,首先是酶吸附到木质纤维底物上,故底物对纤维素酶的吸附量直接影响到水解效率。底物对纤维素酶分子的吸附分为纤维素对纤维素酶的特异吸附和木质素对纤维素酶的非特异吸附两类。纤维素是不可溶性底物,酶若要与之发生反应首先要与之接触,即吸附到纤维素分子上;反应结束后,酶又要从纤维素分子上及时解吸下来,以便吸附到纤维素分子上的另一个部位,继续催化下一个反应。外切葡聚糖酶(CBH)能被吸附在纤维素大分子的结晶区,内切葡聚糖酶能被吸附在纤维素大分子的非结晶区和一些结晶区,它们在水解过程中都经历着"吸附-催化-解吸-再吸附"这一重复过程。纤维素结合域(CBD)是纤维素酶和纤维素之间的桥梁,CBD 连接酶分子的催化域和结晶纤维素,研究表明 CBD 能够增加纤维素酶在底物上的浓度,在高底物浓度下能够增加底物对纤维素酶的非特异性吸附[87]。用木瓜蛋白酶代替 CBH I 的 CBD 后,微晶纤维素对 CBH I 的吸附从 0.293nmol/mg 减少到 0.103nmol/mg;而无定形区纤维素对 CBD I 的吸附量没有影响[88]。纤维素酶去除 CBD 后对可溶性底物活力影响较小,而对结晶纤维素的吸附和水解活力则有明显降低。反应体系中加入里氏木霉纤维素酶的 CBD,内切葡聚糖酶和 CBH I 水解性能得到了提高。β-葡萄糖苷酶不会与纤维素发生吸附，王丹[89]在 4℃高速搅拌及在 50℃中速振荡两种条件下研究 β-葡萄糖苷酶对纯纤维素的吸附情况，结果表明，两种条件下 β-葡萄糖苷酶都不被吸附。但是，在水解木质纤维过程中 β-葡萄糖苷酶会发生非特异吸附的现象，其原因可能是大分子的 β-葡萄糖苷酶陷于木质素与纤维素的孔隙中，或不可逆吸附于木质素本身。如果催化可溶性底物反应的酶被固形物吸附的话，那么酶就类似于被固定化，从而存在较大传质阻力，酶的表观活力会大大下降[90]。

纤维素酶和木质素之间的吸附属于不可逆吸附，可能会受到水合作用的改变（疏水/亲水相互作用），静电作用、范德华力和氢键的影响。纤维素酶是一种蛋白质，表面含有正负电荷的多聚两性电解质。蛋白质的疏水残基含有大量的如色氨酸、苯丙氨酸和酪氨酸等疏水性氨基酸，当蛋白质在水相中折叠时，大部分非极性氨基酸藏在分子内部，还有少部分的非极性氨基酸暴露在蛋白质外部，可通过水合作用或氢键作用与疏水性物质相结合。纤维素和木质素表面都具有高的疏水性。在水解过程中，CBH 酶或 EG 酶的疏水性氨基酸会和纤维素或木质素的疏水性基团发生竞争性的特异性或非特异性吸附。蛋白质的结构重排也会影响到纤维素的分子内氢键，导致纤维素酶吸附量的变化。Palonen[91]用 Langmuir 等温吸附方程研究了木质素对纤维素酶的吸附现象，结果表明 CBH 和 EG 都可能吸附到碱木质素和酶解木质素上。

1.5.2 纤维素酶的作用方式

1950 年，Reese[92]提出了纤维素酶降解纤维素的 C_1-C_x 假说，如图 1.2 所示。他们认为 C_1 酶首先作用于结晶纤维素使其变成无定形纤维素，再被 C_x 酶进一步水解成可溶性纤维素和葡萄糖的 β-1,4-聚合物，即 C_1 酶的作用是 C_x 酶水解的先决条件；接着 β-葡萄糖苷酶将纤维二糖和三糖水解成葡萄糖。20 世纪 60 年代以来，由于分离技术的发展，纤维素酶的各组分被分离提纯，但 C_1-C_x 假说并未在实验中得到证实，即如用 C_1 酶作用于底物（结晶纤维素），然后将 C_1 酶与底物分离，再加入 C_x 酶和 β-葡萄糖苷酶，如此顺序并不能将结晶纤维素水解。

$$结晶纤维素 \xrightarrow{C_1} 无定形纤维素 \xrightarrow{C_x} 纤维二糖 \xrightarrow{\text{β-葡萄糖苷酶}} 葡萄糖$$

图 1.2 C_1-C_x 降解纤维素模型

纤维素酶使纤维素转化成葡萄糖的过程中，协同降解方式主要有两种观点。一种观点[92]认为，在协同降解过程中，首先由外切葡聚糖酶水解不溶性纤维素，生成可溶性的纤维糊精和纤维二糖；然后由内切葡聚糖酶作用于纤维糊精，生成纤维二糖，最后由 β-葡萄糖苷酶将一分子的纤维二糖水解为两分子的葡萄糖。另一种观点[93]认为，在协同降解过程中，首先由 EG 酶在纤维素聚合物的内部起作用，在纤维素的非结晶区进行切割，产生新的末端；然后由外切葡聚糖酶以纤维二糖为单位由末端进行切割，最后由 β-葡萄糖苷酶将纤维二糖水解为葡萄糖。原子力显微镜观察结果显示，外切酶的作用使结晶纤维素的表面结构发生了变化，这种变化使得内切酶的作用变得容易，由此表现出两种酶的协同作用。这三种组分虽各有专一性，但相互之间又具有协同作用，如图 1.3 所示。该解释较 C_1-C_x 假说更合理。

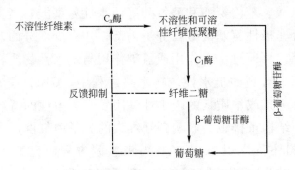

图 1.3　纤维素酶系协同降解纤维素模型

1.5.3　酶糖化过程的影响因素

由于木质纤维生物质复杂的"钢筋混凝土结构"，酶很难像水解淀粉一样将纤维素完全水解成葡萄糖。因此，木质纤维原料的酶糖化效率不仅与酶的活性有关，也与纤维原料的物理、化学和形态特征有关。影响酶糖化的因素主要分为两大类：纤维素酶和底物[94]，其中，与纤维素酶相关的因素主要集中在改善酶的活性，包括酶的产物抑制效应、热稳定性及吸附性能。与底物相关的因素则主要集中在提高纤维素的可及度，如纤维素结晶度、半纤维素和木质素的含量与分布情况、比表面积及预处理过程产生的抑制物等。

1.5.3.1　纤维素的聚合度和结晶度

纤维素的聚合度（DP）是表征纤维素链中葡萄糖单元通过 β-苷键连接的程度。在木质纤维生物质水解过程中，纤维素聚合度的变化既受到纤维素酶中各种组分比例的影响，也与纤维基质的物理特性有关[95]。然而，尽管水解过程中部分纤维素被溶解，DP 降低，但是随着水解的进行，结晶度提高以及其他物理化学性质的变化而使得纤维素的"顽抗性"不断增强，最终纤维素的 DP 随着水解时间的延长而不发生改变，达到一种稳定状态[96]。因此，聚合度（DP）是否为限制纤维素酶水解的决定性因素，或者其与其他影响因素，如结晶度、可及性和表面积等相互关联，最终限制纤维素酶水解的问题仍然没有研究清楚。

天然或人工的纤维素由无定形区和结晶区组成，结晶区和非结晶区之间没有严格的界限，一个纤维素分子链可以连续穿过若干个结晶区和非结晶区。纤维素的结晶度是指纤维素中结晶区占据纤维整体的百分率。在纤维素水解过程中，只有将单根糖链分离出来，糖链才能有机会接触到酶的催化位点，从而提高水解效率，但是结晶区内纤维素链以极其稳定的晶体排列，严重限制了酶分子和底物的接触，因而纤维素的结晶度被认为是限制纤维素酶水解的重要因素之一[97,98]。在酶糖化反应的初期，纤维素的结晶度显著影响纤维素的降解速率，纤维素的结晶度和水解效率呈现正相关的关系。在纤维素的酶水解过程中，纤维素酶首先移除无定形区，随着水解的进行，较难水解的结晶纤维素作为残留物，导致了结晶纤维素的累积，从而增加了底物与酶的不可及性。研究表明，使用球磨等方法处理纤维素后，纤维素的结晶度显著降低的同时，纤维素的表面积、可及性以及半纤维素和木质素分布也发生了变化，这些也是影响酶水解的重要因素。对于天然的木质生物质而言，结晶度并非是影响纤维素水解的唯一因素。

1.5.3.2　比表面积和孔径

木质纤维原料的比表面积是影响纤维素酶糖化率的一个重要因素[99]，而比表面积很大程度上又受木质纤维原料孔径的影响。一般来说，减小纤维原料的孔径可以增大比表面积，从而增加纤维素的酶解效率及葡萄糖得率。当样品被分散成纳米级别时，纤维素比表面积显著增加，大多数纤维素暴露于纤维素酶的环境下，使得短时间内纤维素几乎完全水解。此外，孔隙体积也是影响纤维素酶解率的一个重要因素。孔隙体积与初始酶解速率呈线性关系，当底物的孔隙多，大小不一的纤维素酶进入空隙，纤维素的酶解效率显著提高。据 Rollin 等[100]报道，使用有机溶剂处理柳枝稷后，原料中纤维素的可接触面积提高了 16 倍，使用氨水预处理移除木质素后，纤维素的可接触面积只提高了 1.4 倍，并且有机溶剂预处理后的柳枝稷的水解效率显著高于氨水预处理后的水解效率，说明在某些情况下，增加纤维素的可接触面积比移除木质素更能提高木质纤维原料中纤维素的酶水解效率。

1.5.3.3 木质纤维素中半纤维素和木质素含量及分布

由于纤维素嵌入在木质纤维原料的网状结构中，并且与木质素和半纤维素相互作用，因此木质素和半纤维素的存在阻碍了纤维素与酶的接触，使得纤维素的酶解效率降低。纤维素和半纤维素之间并没有共价键作用，而是通过氢键和微纤丝紧密连接，采用水热预处理能够将植物纤维原料中的半纤维素组分有效去除，这有利于随后的纤维素酶解。除此之外，木聚糖酶也能够显著水解半纤维素，游离态的木聚糖会聚集吸附到纤维素的表面，阻碍纤维素酶和纤维素的接触[101,102]。为了减少木聚糖对木质纤维原料降解的抑制作用，木质纤维原料中的木聚糖需要被转化为游离态或者降解为可溶性的糖；可通过在酶水解过程中添加木聚糖酶，将低聚木糖转化为木糖，从而缓解低聚木糖对纤维素酶水解的抑制作用。另外，半纤维素的乙酰基也会阻碍木质纤维原料酶水解。

在木质纤维原料中，木质素填充在细胞壁的微纤丝、基质多糖及蛋白质的外层，与纤维丝、基质多糖等共价交联，使得纤维素和非纤维素物质间的氢键增强。此外木质素和细胞壁中的非纤维物质形成化学键，使得纤维素部分和非纤维素部分进一步黏合，起到加固木质化植物组织的作用。细胞壁的木质化使得纤维素酶对底物的可及性降低，阻止了降解酶和底物的接触，因而木质素的存在对木质纤维原料的降解有非常不利的影响。木质纤维原料经过预处理之后，仍然有大量的木质素残留在水解底物上，研究表明天然木质纤维原料约含 15%～30% 木质素，经预处理后，木质素相对含量最大可达到 40% 左右。因此，木质素除了通过物理阻碍作用限制纤维素酶在纤维素上的可及性之外，还会由于纤维素酶在木质素上的无效吸附而减小木质纤维生物质的酶解效率。纤维素酶在木质素上发生无效吸附的作用主要有疏水作用、静电作用和氢键作用[103~105]。疏水作用被认为是纤维素酶和木质素之间发生吸附的主要驱动力。当纤维素酶在水中溶解之后，纤维素酶的疏水基团在水溶液中伸展，使得具有疏水性的纤维素酶与固体表面（木质纤维生物质）因为疏水作用而吸附在一起。并且有研究显示木质素的接触角比纤维素的接触角要小，说明木质素的疏水性比纤维素要强[103]。其次，木质纤维生物质的酶解是在酸性条件下进行的，而纤维素酶的等电点（pI 值）介于3.5～9.5，故酶解液中会有部分纤维素酶带正电荷[104]；而木质素上的酸性基团（如羧基和酚羟基）的离子化会使木质素带负电，使得纤维素酶和木质素之间存在静电吸引力，发生无效吸附。此外，纤维素酶和木质素之间的氢键作用也被报道，木质素上的羧基和酚羟基与纤维素酶和木质素之间的氢键有关[105]。但是，纤维素酶和木质素之间的疏水、静电吸附和氢键作用机制以及其对木质纤维生物质酶解的抑制作用的机理还没有得到确切的验证。因此，有效去除木质素既可以减少木质素的无效吸附，也增加了木质纤维原料的孔径和比表面积。

尽管脱木质素对木质纤维原料的降解有非常大的益处，但是根据目前的预处理水平，完全脱除木质纤维原料中的木质素需要非常高的成本。并且在高温预处理过程中部分木质素首先会从固有的状态分离降解，但不会从木质纤维原料中脱除，而是会重新聚合到底物表面，继续影响纤维素酶的水解效率。

1.5.3.4 底物浓度

底物浓度是影响纤维素酶催化效率的主要因素之一，研究发现酶解的初速度和得率受底物浓度影响。在一定范围内，底物浓度越高，酶与底物接触的机会越多，所以有利于酶水解反应。在较低的底物水平，底物浓度增加通常引起水解产率和反应速率增加，但设备的利用效率低，并造成后续发酵的乙醇分离生产成本过高。增加酶水解底物浓度不仅可提高最终葡萄糖的得率，也可降低用于加热和冷却流体的能耗以及减少最终排放的废水量。但不是底物浓度越高越好，底物浓度越高，意味着酶溶液体积相对变小，造成反应产物不易扩散，会抑制酶的水解，严重降低水解速率。因而如何平衡两者的矛盾，有效提高酶水解的效率是当前研究的重点。

1.5.3.5 纤维素酶用量及纤维素酶抑制物

增加纤维素酶用量可以提高酶水解速率，更主要的是能够减少完全水解所需要的时间。在一定酶浓度范围内，随着酶用量的增加，纤维素酶解得率增大；但当酶用量增加到一定程度后，水解速度增加缓慢。主要是由于纤维表面最初吸附的酶为单分子层，吸收过量的酶形成多分子层后，只有纤维第一层吸附的酶对水解反应有重要影响，当这些结合点全部被纤维素酶分子饱和后，再增加纤维素酶用量也起不到提高得率的作用。用纤维素酶对麦草进行酶解，在5g底物中，酶用量100mg之前，酶解速率增加较快，100mg之后，增加缓慢，说明一定量的纤维素在一定条件下，纤维素分子和酶分子的结合点数有限，当这些结合点全部被纤维素酶分子占据后，再增加纤维素酶用量，起不到酶解作用。并且在目前纤维素酶的成本降低的情况下，也不可能无限制地增加酶用量[106]。

纤维素酶的活性受纤维二糖、低聚木糖、葡萄糖以及预处理过程中产生的一些降解产物如弱酸、糠酸、5-羟甲基糠醛和一些可溶性酚类物质的影响。在纤维素糖化过程中，内切葡聚糖酶和外切葡聚糖酶受不断增加的纤维二糖抑制，而β-葡萄糖苷酶对葡萄糖的累积更敏感，但对于整个纤维素酶系纤维二糖的抑制作用强于葡萄糖。主要是因为纤维二糖能与纤维素酶蛋白中的色氨酸作用形成空间位阻，限制了纤维素酶活性位点与纤维素分子链的接触，从而抑制了纤维素的水解。纤维二糖的抑制作用可通过加入外源β-葡萄糖苷酶解除；葡萄糖的抑制作用可通过真空抽滤和超滤及时除去生成的单糖，或通过同步糖化发酵（SSF）技术解除终产物抑制，但SSF法由于酶解与发酵温度的差异，限制了它的工业应用[107,108]。

与纤维二糖和葡萄糖相比，低聚木糖对纤维素的酶解抑制作用更大。在较低的浓度下，低聚木糖可降低纤维素的初始酶解速率，导致最终葡萄糖得率降低。此外，当水热或蒸汽爆破处理木质纤维原料时，产生的弱酸、糠醛、5-羟甲基糠醛和一些可溶性酚类物质也会抑制纤维素的酶水解过程。弱酸和低分子酚酸对纤维素水解的抑制作用主要是通过破坏细胞内pH环境和阻碍生物生长需要的三磷酸腺苷的生成而实现的。因此，通过优化木质纤维生物质的预处理条件，降低甚至完全去除抑制物，可以最大限度地提高纤维素酶的活性以提高纤维素酶糖化的效率。

1.6　降低酶糖化过程成本的策略

1.6.1　提高纤维素酶的产量

纤维素生物利用商业化的主要障碍是纤维素酶的水解效率低、用量大，酶制备的成本高，导致纤维素酶糖化过程的成本较高。各国科学研究者通过优化产酶条件、选育高酶活的纤维素酶生产菌株及通过基因工程和蛋白质工程对酶蛋白分子进行改造等来提高纤维素酶的产量。利用物理、化学诱变剂单独或复合处理微生物孢子或细胞是选育纤维素酶高产菌种的有效方法。纤维素酶产生菌一般有细胞生长和酶分泌两个阶段，通过优化菌龄、接种量、pH和温度等因素，在分批发酵和分批补料发酵中实现第一阶段菌物的大量生长和第二阶段酶的最大合成。在纤维素酶的成本中培养基和碳源占很大的部分，这样研究廉价的碳源和高效的培养基是非常必要的。可溶性碳水化合物，如乳糖、木糖和纤维二糖因为可以导致细胞的快速生长和诱导纤维素酶的分泌被广泛研究，但高昂的价格是其工业化利用的障碍。木质纤维素价格低廉，可以被大量利用。纤维素是很好的碳源和诱导物，但只有把纤维素降解成单糖才可以被吸收利用而使菌种生长速度放慢。通过在纤维素中加入可溶性碳水化合物可以提高菌物的生长。优化木质纤维素的预处理技术，使预处理后的原料可以较容易地被菌种利用。培养基中的氮源、磷、镁、钙和微量元素对于纤维素酶合成的影响也很大。

基因工程技术的局限性在于无法实现菌株纤维素酶的全部表达，所得酶不能彻底降解纤维素。由于缺乏纤维素结合域，基因工程纤维素酶不能水解结晶状态的纤维素。另外，基因工程纤维素酶也不能克服木质素、木聚糖的障碍。因此，利用基因工程技术生产有效降解纤维素的纤维素酶还需要做大量的研究工作。

1.6.2　改进纤维素酶的特异活性

纤维素酶的特异活性可通过增加纤维素酶的耐热性、减少纤维素酶的非特异吸附、降低终产物抑制和优化纤维素酶各组分的比例来实现。纤维素酶的耐热温度增加 10℃，将导致酶解得率增加 2～3 倍[109]。纤维素是固体物质，酶首先要吸附到纤维素分子上才能对它进行作用。非特异吸附是指酶水解过程中，纤维素酶吸附在木质素或纤维二糖上，使酶解得率下降。减少非特异吸附可从改进纤维素酶分子的疏水性和通过基因工程构建弱的木质素吸附酶上着手，以减少酶解过程中纤维素酶与木质素的非特异性吸附。改善和平衡纤维素酶中内切葡聚糖酶、外切葡聚糖酶和 β-葡萄糖苷酶的比例，可以更有效和最大化降解纤维素成葡萄糖。

木质纤维生物质原料的高效酶水解不仅需要高活力的酶产品，同时还需要配比合理的酶系组成，研究各酶组分的功能和优化酶系组成可以显著地提高酶解得率和效率。Zhou[110]通过响应面分析方法优化了纤维素酶的组分，构建了一个新的纤维素酶体系（Cel7A 19.8%，Cel6A 37.5%，Cel6B 4.7%，Cel7B 17.7%，Cel12A 15.2%，Cel61A 2.3% 和 β-葡萄糖苷酶 2.8%），此新酶体系对蒸汽爆破玉米秸秆显示了高的水解得率，且葡萄糖转化率是原酶制剂的 2.1 倍。Jing[111]构建的新纤维素酶体系，当滤纸酶活：内切葡聚糖酶酶活：纤维裂解酶酶活：β-葡萄糖苷酶酶活：果胶酶酶活为 0.6：1：0.3：1：2.6 时，水解豌豆杆的得率提高了 10.90%。木霉纤维素酶存在 β-葡萄糖苷酶先天不足的特点，最简单的解决方法是适当的添加一定数量的 β-葡萄糖苷酶。

1.6.3 酶糖化促进剂

在酶水解过程中加入糖化促进剂（如表面活性剂、蛋白质和氨基酸），能极大地提高水解效率，酶解促进剂能够阻断纤维素酶与木质素的不可逆吸附[112~114]。在蒸汽爆破云杉酶糖化过程中加入聚乙二醇（PEG），水解16h，酶解得率从42％提高到78％；且Cel7A的吸附从81％降低至59％；木质素中的疏水基团与PEG中的—CH_2—发生作用，苯环上的氢与PEG中的O形成氢键，使木质素对PEG的亲和性高于纤维素酶，且由于PEG吸附在木质素上，PEG的长链结构从木质素表面伸出，阻止了酶的靠近[113]。Zheng[114]研究了Tween-20、Tween-80和牛血清蛋白（BSA）的添加对纤维素酶水解稀酸处理的黑麦草的影响。结果表明每克绝干底物添加0.1g的Tween-20，酶解得率提高了14％。添加酶促进剂增加水解效率的主要原因为外源蛋白或者表面活性剂首先与木质素结合，从而减少木质素与纤维素酶的无效吸附；而对于表面阳离子聚电解质，主要是通过电荷补丁或桥接的作用，增加内、外切葡聚糖酶在纤维素表面的吸附量，进而提高酶水解效率。但是，这些外源蛋白价格昂贵，增加了酶水解工艺过程的总成本，并且部分表面活性剂在搅拌的情况下容易起泡，给实验操作带来不便。

金属离子（K^+，Mg^{2+}，Ca^{2+}，Al^{3+}，Mn^{2+}，Fe^{3+}，Cu^{2+}和Zn^{2+}）对酶水解也有不同程度的影响。Mg^{2+}和Ca^{2+}与木质素磺酸盐形成一种金属和木质素的配合物，可使木质纤维生物质表面的自由木质素发生沉淀，表面的结合木质素由于与金属离子结合减少了纤维素酶与结合木质素的无效吸附，进而增加可发生有效糖化的纤维素酶的量，从而最终提高木质纤维素酶水解效率。然而，尽管Mg^{2+}和Ca^{2+}对酶水解有促进，两者大量使用会对后续乙醇蒸发的结构产生较大影响。因此，金属离子的使用在工艺上的可行性及其对木质纤维生物质酶水解的促进机制还有待进一步研究[115~117]。

1.6.4 有效的预处理方法

由于木质素、半纤维素对纤维素的保护作用以及纤维素自身的晶体结构，使得木质纤维生物质形成了致密的结构，酶制剂很难与纤维素接触，直接影响后续的酶糖化过程。酶解未处理的和经蒸汽爆破（$T=220℃$）处理的太阳花杆，酶解得率从18％提高到72％，葡萄糖得率从6.1g/100g底物提高至16.7g/100g底物[118]。先用稀酸浸泡，再用湿爆法（蒸汽爆破和湿氧化结合的一种预处理方法）预处理能源作物－Miscanthus（芒属植物），结果表明稀酸浸泡能除去 63.2% 的木糖和损失 5.2% 的葡萄糖，直接酶解稀酸浸泡的 Miscanthus，葡萄糖得率为 24%～26%；酶解湿爆的 Miscanthus，葡萄糖得率为 37%；酶解先稀酸浸泡再湿爆的 Miscanthus，葡萄糖得率达到 63%[119]。主要是由于在稀酸浸泡和湿爆过程中，半纤维素很快解聚，导致纤维原料的孔隙率增大，增加了纤维素酶对底物的可及性。当然这种方法是否适用于将来燃料乙醇的工业化生产，还得进行进一步的经济分析。总之，一个好的预处理方法应该是提高后续的酶解得率、产生尽量少的发酵抑制物和操作费用尽量低。

1.6.5　同步糖化发酵

在纤维素酶解的同时加入酵母，不断的移走终产物对酶解的影响，乙醇得率将增加 4 倍左右。该法的主要优点有：①首先在纤维素酶的作用下，释放的葡萄糖由微生物将其转化为乙醇，消除了葡萄糖因浓度过高对纤维素酶的反馈抑制，提高了糖化效率；②提高水解速度，且酶的用量较小；③得到高的乙醇产量；④简化了设备，降低了能源消耗，节约了总生产的时间。同步糖化发酵法存在的一个主要问题就是糖化和发酵的最适温度不一致。一般来说，糖化的最适温度高于 50℃，而发酵的理想温度低于 40℃。为了解决这一矛盾，研究者们提出了非等温同步糖化发酵法。但也有研究表明，非等温同步糖化发酵法并不能提高乙醇产率。另外，选育耐热酵母菌也是解决此矛盾的一条途径。

1.6.6　纤维素酶的回收利用

酶水解结束后，纤维素酶存在于水解上清液和酶解残渣中。上清液中的纤维素酶称为游离酶，酶解残渣中的纤维素酶称为结合酶。早期的研究工作已经表明里氏木霉纤维素酶稳定性好，对纤维素有高的亲和力，故在木质纤维生物质的转化过程中回收纤维素酶是可行的[120]。自由酶可以再吸附到新鲜底物上，结合酶脱附后也可重新吸附到新鲜底物上。自由酶的回收可以通过超滤和补加新鲜底物的方法。通过调节 pH 值和添加表面活性剂使纤维素酶从底物上脱附，是回收结合酶的方法之一。纤维素酶的回收的首要难题是 β-葡萄糖苷酶的回收。β-葡萄糖苷酶相对分子量为 70～114kDa，作用底物为纤维二糖和纤维低聚糖，不吸附于纤维素底物，酶解过程中始终游离在上清液中。它不吸附的原因之一为酶蛋白上没有纤维素的结合域（CBD），如果有 CBD 的存在，则对纤维素酶各组分的回收就可实现一步法，即酶解结束后补加新鲜底物让纤维素酶重新吸附的方法同时回收纤维素酶的各组分。Ong 把 CBD 基因转入 β-葡萄糖苷酶中取得了成功，且证明拥有 CBD 基因的 β-葡萄糖苷酶对纤维素有很高的亲和力[121]。

尽管各国科学研究者对纤维素酶的回收技术已取得很多进展，但这些技术还是很难应用于工业。主要是因为酶水解结束后，大约有 60％的纤维素酶吸附在底物（木质素和纤维素）上，这些酶的回收主要通过添加新鲜底物的方法。但是随着纤维素酶的循环使用，木质素也在不断的累积。木质素含量的增加又会吸附大量新鲜的纤维素酶，从而又影响水解得率。对上清液中的酶，超滤回收纤维素酶和 β-葡萄糖苷酶无疑是一种值得研究的技术。但是超滤膜费用昂贵，生产 1 加仑（1 加仑＝3.785L）乙醇超滤膜的费用大约为 12 美分[122]，并且使用几轮之后，纤维素酶蛋白和木质素对膜的损害较大。

参 考 文 献

[1] Pérez K, Mazeau K. Polysaccharides, structure and functional versatilith [M]. New York: Marcel Dekker, 2005.

[2] Park S, Baker J O, Himme M E, Parilla P A, David K J. Cellulose crystallinity index: measurement techniques and their impact on interpreting cellulade performance [J]. Biotechnology for Biofuels, 2010, 3.

[3] 裴继诚. 植物纤维化学 [M]. 北京：中国轻工业出版社, 2016.

[4] 李忠正. 植物纤维资源化学 [M]. 北京：中国轻工业出版社, 2012.

[5] 詹怀宇. 制浆原理与工程 [M]. 北京：中国轻工业出版社, 2009.

[6] 裴继诚. 植物纤维化学 [M]. 北京：中国轻工业出版社, 2012.

[7] Stewart D. Lignin as a base material for materials applications: chemistry, application and economics [J]. Industrial Crops and Products, 2008, 27 (2): 202-207.

[8] Pandey M P, Kim, C S. Lignin depolymerization and conversion: a review of thermochemical methods [J]. Chemical Engineering and Technology, 2011, 34 (1): 29-41.

[9] Himmel M E, Ding S Y, Johnson D K, Adney W S, NimLos M R, Brady J W, Foust T D. Biomass recalcitrance: engineering plants and enzymes for biofuels production [J]. Science, 2015, 315 (5813): 804-807.

[10] Fredenberg K, HarKin J M. Models for the linkage of lignin to carbohydrates. Chemische Berichte, 1960, 93: 2814-2819.

[11] Fredenberg K, Grlon G. Contribution to the mechanism of formation of lignin and of the lignin-carbohydrate bond [J]. Chemische Berichte, 1959, 92: 1355-1363.

[12] Brownell H, Wes K. The nature of the lignin-carbohydrate bond in wood: fractionation of ball-milled

wood, solubilized with ethylene oxide [J]. Pulp and Paper Magzine, Canada, 1961, 62: 374-384.

[13] Fengel D, Gerd W. Wood: chemistry, ultrastructure, reactions [M]. Walter de Gruyter, 1983.

[14] Koshijima T, Watanabe T. Association between lignin and carbohydrates in wood and other plant tissues [M]. Springer, 2003.

[15] Shevchenko S M, Bailey G W. The mystery of the lignin-carbohydrate complex: a computational approach [J]. Journal of Molecular Structure-Theochem, 1996, 364 (2): 197-208.

[16] 孙润仓, 许凤. 农林生物质组分分离及高值化利用. 生物产业技术, 2008, 1: 46-52.

[17] Min D, Li Q, Chiang V, Jameel H, Chang H M, Lucia L. The influence of lignin-carbohydrate complexes on the cellulase-mediated saccharification I: Transgenic black cottonwood (western balsam poplar, California poplar) P. trichocarpa including the xylan down-regulated and the lignin down-regulated lines [J]. Fuel, 2014, 119: 207-213.

[18] Xu Z, Wang Q H, Jiang Z H. Enzymatic hydrolysis of pretreated soybean straw [J]. Biomass and Bioenergy, 2007, 31: 162-167.

[19] Gong C S, Cao N J, Du J. Ethanol Production from renewabler resources [J]. Advances in Biochemical Engineering and Biotechnology, 1999, 65: 207-241.

[20] Mosier N, Wyman, C, Dale B, Elander R, Lee Y Y Holtzapple M, Ladischa M. Features of promising technologies for pretreatment of lignocellulosic biomass [J]. Bioresource Technology, 2005, 96: 673-686.

[21] Mais U, Esteghlalian A R, Saddler J N, Mansfield S D. Enhancing the enzymatic hydrolysis of cellulosic materials using simultaneous ball milling [J]. Applied Biochemistry and Biotechnology, 2002, 98: 815-832.

[22] Muller C D, Abu-Orf M, Novak, J. T. Application of mechanical shear in an internal-recycle for the enhancement of mesophilic anaerobic digestion [J]. Water Environment Research, 2007, 79: 297-304.

[23] Fan L T, Lee Y, Beardmore D H. Mechanism of the enzymatic hydrolysis of cellulose: Effects of major structural features of cellulose on enzymatic hydrolysis [J]. Biotechnology and Bioengineering, 1980, 22 (1): 177-199.

[24] Caufield D F, Moore W E. Effect of varying crystallinity of cellulose on enzymic hydrolysis [J]. Wood Science, 1974, 6 (4): 375-379.

[25] Palmqvist E, Hahn-Hägerdal B. Fermentation of lignocellulosic hydrolysates. Ⅱ: Inhibitors and mechanisms of inhibition [J]. Bioresource Technology, 2000, 74 (1): 25-33.

[26] Avci A, Saha B C, Kennedy G J, Cotta M A. Dilute sulfuric acid pretreatment of corn stover for enzymatic hydrolysis and efficient ethanol production by recombinant Escherichia coli FBR5 without detoxification. Bioresource Technology, 2013, 142: 312-319.

[27] Silverstein R A, Chen Y, Sharma-Shivappa R R. A comparison of chemical pretreatment methods for improving saccharification of cotton stalks [J]. Bioresource Technology, 2007, 98 (16): 3000-3011.

[28] Gaspar M, Kalman G, Reczey K. Corn fiber as a raw material for hemicellulose and ethanol production [J]. Process Biochemistry. 2007, 42 (7), 1135-1139.

[29] 曲音波. 木质纤维素降解酶与生物炼制 [M]. 北京: 化学工业出版社, 2011.

[30] Aziz S, Sarkanen K. Organosolv pulping-a review [J]. Tappi Journal, 1989, 72 (3): 169-175.

[31] Dashtban M, Schraft H, Qin W. Fungal bioconversion of lignocellulosic residues: opportunities and per-

spectives [J]. International Journal of Biological Sciences, 2009, 5 (6): 578-595.

[32] Taniguchi M, Suzuki H, Watanabe D, Sakai K, Hoshino K, Tanaka T. Evaluation of pretreatment with pleurotus ostreatus for enzymatic hydrolysis of rice straw [J]. Journal of Bioscience and Bioengineering, 2005, 100 (6): 637-643.

[33] Alvira P, Tomás-Pejó E, Ballesteros M. Pretreatment technologies for an efficient bioethanol production process based on enzymatic hydrolysis: a review [J]. Bioresource Technology, 2010, 101 (13): 4851-4861.

[34] Zabihi S, Alinia R, Esmaeilzadeh F. Pretreatment of wheat straw using steam, steam/acetic acid and steam/ethanol and its enzymatic hydrolysis for sugar production [J]. Biosystems engineering, 2010, 105 (3): 288-297.

[35] Martín C, Klinke H B, Thomsena A B. Wet oxidation as a pretreatment method for enhancing the enzymatic convertibility of sugarcane bagasse [J]. Enzyme and Microbial Technology, 2007, 40 (3): 426-432.

[36] 赵颖, 丁明, 赵辅昆. 福寿螺多功能纤维素酶 (EGXA) 的结构功能研究 [J]. 浙江理工大学学报, 2008 (25) 5: 535-538.

[37] Han S T, Yoo Y J, Kang H S. Charcterization of a bifunctional cellulase and its structural gene [J]. Journal of Biological Chemistry, 1995, 270 (43): 26012-26019.

[38] Nogawa M, Goto M, Okada H. L-Sorbose induces cellulose gene transcription in the cellulolytic fungus Tichoderma reesei [J]. Current Genetics, 2001, 38 (6): 329-334.

[39] Gamauf C, Metz B, Seiboth B. Degradation of Plant Cell Wall Polymers by Fungi [M]. Springer Berlin Heidelberg, 2007.

[40] Lynd L R, Weimer P J, Van Zyl W H, Pretorius I S. Microbial cellulose utilization: fundamentals and biotechnology [J]. Microbiology and molecular biology rewiews, 2002, 66 (3): 506-577.

[41] Shoemaker S, Schweickart V, Ladner M. Molecular cloning of exo-cellobiohydrolase derived from *Trichoderma reesei* L27 [J]. Nature Biotechnology, 1983, 1: 691-696.

[42] Chen C M, Gritzali M, Stafford D W. Nucleotide sequence and deduced primary structure of cellobiohydrolase of Trichoderma reesei [J]. Nature Biotechnology, 1987, 5: 274-278.

[43] Penttilä M, Lehtovaara P, Nevalainen, H. Homology between cellulose genes of Trichoderma reesei: complete nucleotide sequence of the endoglucanase gene [J]. Gene, 1986, 45: 253-263.

[44] Saloheimo M, Lehtovaara P, Penttilä M EG. A new endoglucanase from Trichoderma reesei: the characterization of both gene and enzyme [J]. Gene, 1988, 63: 11-21.

[45] 林建国, 王常高, 王伟平. 不同诱变方法提高绿色木霉产纤维素酶的研究 [J]. 安徽农学通报, 2008, 14 (14): 134-139.

[46] Adsul M G, Bastawde K B, Varma A J, Gokhale D V. Strain improvement of Penicillium janthinellum NCIM 1171 for increased cellulase production [J]. Bioresource Technology, 2007, 98: 1467-1473.

[47] Chandra M, Gutiérrez-López M D. Development of a mutant of Trichoderma citrinoviride for enhanced production of cellulases [J]. Bioresource Technology, 2009, 100: 1659-1662.

[48] Krisztina K, Megyeri L, Szakacs, G. Trichoderma atroviride mutants with enhanced production of cellulase and β-glucosidase on pretreated willow [J]. Enzyme and Microbial Technology, 2008 (43): 48-55.

［49］ Prabavathy V, Mathivanan N, Sagadevan E. Intra-strain protoplast fusion enhances carboxymethyl cellulase activity in Trichoderma reesei ［J］. Enzyme and Microbial Technology, 2006 (38): 719-723.

［50］ Dillon A, Camassola M, Henriques J. Generation of recombinants stains to cellulases production by protoplast fusion between Penicillium echinulatum and Trichoderma harzianum ［J］. Enzyme and Microbial Technology, 2008, 43 (6): 403-409.

［51］ Nogawa M, Goto M, Okada H. L-Sorbose induces cellulase gene transcrip tion in the cellulolytic fungus Trichoderma reesei ［J］. Current Genetics, 2001, 38: 329-334.

［52］ Karlsson J, Saloheimo M, Siika-Aho M. Homologous expression and characterization of Cel61A (EGIV) of Trichoderma reesei ［J］. European Journal of Biochemistry, 2001, 268: 6498-6507.

［53］ 陈新爱, 夏黎明, 岑沛霖. 里氏木霉纤维二糖酶 BGⅢ 基因的 cDNA 克隆及其在大肠杆菌中的表达 ［J］. 菌物系统, 2002, 2 (2): 223-227.

［54］ Haan R, Mcbride J, Grange D. Functional expression of cellobiohydrolases in Saccharomyces cerevisiae towards one-step conversion of cellulose to ethanol ［J］. Enzyme and Microbial Technology, 2007, 40: 1291-1299.

［55］ 肖志壮, 王婷, 汪天虹, 曲音波, 高培基. 瑞氏木霉内切葡聚糖酶Ⅲ基因的克隆及在酿酒酵母中的表达. 微生物学报, 2001, 41 (4): 391-396.

［56］ 丁新丽, 汪天虹, 张光涛, 卢翌. 瑞氏木霉纤维素酶基因在酿酒酵母中的表达研究. 酿酒科技, 2005, 9: 28-30.

［57］ 刘北东, 杨谦, 周麒. 绿色木霉 AS3.3711 的葡聚糖内切酶Ⅰ基因的克隆与表达 ［J］. 北京林业大学学报, 2004, 26 (6): 71-75.

［58］ 刘北东, 杨谦, 周麒. 绿色木霉 AS3.3711 的葡聚糖内切酶Ⅲ基因的克隆与表达 ［J］. 环境科学, 2004, 5 (25): 127-132.

［59］ 张梁, 石贵阳, 王正祥, 章克昌. 酿酒酵母 GPD1 中整合表达纤维二糖酶基因用于纤维素酒精发酵的研究. 西北农林科技大学学报 (自然科学版), 2006, 10 (34): 164-170.

［60］ Wen Z, Liao W, Chen S. Production of cellulase/β-glucosidase by the mixed fungi culture Trichoderma reesei and Aspergillus phoenicis on dairy manure ［J］. Process Biochemistry, 2005, 40: 3087-3094.

［61］ Kumar R, Singh R. Semi-solid-state fermentation of eicchornia crassipes biomass as lignocellulosic biopolymer for cellulase and 3-glucosidase production by cocultivation of Aspergillus niger RK3 and Trichoderma reesei MTCC164 ［J］. Applied Biochemistry and Biotechnology, 2001, 96 (1): 71-82.

［62］ 涂璇, 薛泉宏, 司美茹. 多元混菌发酵对纤维素酶活性的影响 ［J］. 工业微生物, 2004, 1 (34): 30-34.

［63］ 夏黎明, 代淑梅, 岑沛霖. 应用固定化里氏木霉糖化玉米秆纤维素的研究 ［J］. 微生物学报, 1998, 2 (38): 114-119.

［64］ Hideno A, Ogbonna J C, Aoyagi H, Tanakaetal H. Acetylation of loofa (luffa cylindrica) sponge as immobilization carrier for bioprocesses involving cellulase ［J］. Journal of bioscience and bioengineering, 2007, 4 (103): 311-317.

［65］ Domingues F C, Queiroz J A, Cabral J M, Fonseca L P. The influence of culture conditions on mycelial structure and cellulase ［J］. Enzyme and Microbial Technology, 2000, 26: 394-401.

［66］ Wayman M, Chen S. Cellulase production by Trichoderma reesei using whole wheat flour as a carbon source [J]. Enzyme and Microbial Technology，1992，14：825-831.

[67] Chen S. Wayman M. Use of sorbose to enhance cellobiase activity in a Trichoderma reesei cellulase system produced on wheat hydrolysate [J]. Biotechnology techniques，1993，7：345-350.

[68] Fang X，Yano S，Inoue H. Lactose enhances cellulase production by the filamentous fungus Acremonium cellulolyticus [J]. Journal of Bioscience and Bioengineering，2008，2（106）：115-120.

[69] Martins L，Kolling D，Camassola M. Comparison of *Penicillium echinulatum* and Trichoderma reesei cellulases in relation to their activity against various cellulosic substrates [J]. Bioresource Technology，2008，99：1417-1424.

[70] Berlin A，Balakshin M，Gikes N，Kadla J，Maximenko V，Kubo S，Saddler J. Inhibition of cellulase，xylanase and β-glucosidase activities by softwood lignin preparation [J]. Journal of Biotechnology，2006，125：198-209.

[71] Juhász T，Szengyel Z，Réczey K，Siika-Aho, M.，Viikari，L. Characterization of cellulases and hemi-cellulases produced by Trichoderma reesei on various carbon sources [J]. Process Biochemistry，2005，40：3519-3525.

[72] Xia L M.，Shen X L. High-yield cellulase production by Trichoderma reesei ZU-02 on corn cob residue [J]. Bioresource Technology，2004，91：259-262.

[73] Elisashvili V，Penninckx M.，Kachlishvili E.，Asatiania M.，Kvesitadzea G. Use of Pleurotus dryinus for lignocellulolytic enzymes production in submerged fermentation of mandarin peel and tree leaves [J]. Enzyme and Microbial Technology，2006，38：998-1004.

[74] Juhász T，Szengyel Z，Réczey K. Effect of pH on cellulase production of Trichoderma reesei RUT C30 [J]. Applied Biochemistry and Biotechnology，2004：113-116.

[75] Juhász T，Egyházi A，Réczey K. β-Glucosidase production by Trichoderma reesei. Applied Biochemistry and Biotechnology，2005：121-124，243-254.

[76] Hayward T，Hamilton J，Mcmillan J. Improvements in Titer，Productivity，and yield using solka-floc for cellulase production [J]. Applied Biochemistry and Biotechnology，2000：84-86.

[77] Schell D，Farmer J，Hamilton J. Influence of operating conditions and vessel size on oxygen transfer during cellulase production [J]. Applied Biochemistry and Biotechnology，2001：91-93.

[78] 杭志喜. 溶解氧对里氏木霉产纤维素酶的作用与控制 [D]. 南京：南京林业大学博士学位论文，2008.

[79] Gao J，Weng H，Zhu，D. Production and characterization of cellulolytic enzymes from the thermoacido-philic fungal Aspergillus terreus M11under solid-state cultivation of corn stover [J]. Bioresource Technology，2008，99：7623-7629.

[80] Singhania，R.，Sukumaran，R.，Pandey，A. Improved cellulose production by Trichoderma reesei RUT C30 under SSF through process optimization [J]. Applied Biochemistry and Biotechnology，2007，142：60-70.

[81] Liu J，Yuan X，Chen S. Effect of biosurfactant on cellulase and xylanase production by *trichoderma viride* in solid substrate fermentation [J]. Process biochemistry，2006，41（11）：2347-2351.

[82] 陈洪章，李佐虎. 固态发酵新技术及其反应器的研制 [J]. 化工进展，2002，21（1）：37-39.

[83] 徐福建，陈洪章，李佐虎. 纤维素酶气相双动态固态发酵 [J]. 环境科学，2002，23（3）：53-58.

［84］ Ryu D D Y, Mandels M. Cellulase complex: Biosynthesis and applications ［J］. Enzyme and Microbial Technology, 1980, 2: 91-102.

［85］ Watson T G, Nelligan I, Lessing L. Cellulase production by Trichoderma reesei (Rut-C30) in fed-batch cultures ［J］. Biotechnology, 1984, 6: 667-672.

［86］ Amouri B, Gargouri A. Characterization of a novel β-glucosidase from a Stachybotrys strain ［J］. Biochemical Engineering Journal, 2006, 32: 191-197.

［87］ Linder M, Teeri T. The roles and function of cellulose-binding domains ［J］. Journal of Biotechnology. 1997, 57: 15-28.

［88］ Tomme P, Van Tilbeurgh H, Peterson G. Studies of the Cellulolytic System of Trichoderma Reesei Qm9414-Analysis of Domain Function in 2 Cellobiohydrolases by Limited Proteolysis ［J］. European Journal of Biochemistry, 1988, 170 (3): 575-581.

［89］ 王丹. 植物纤维资源生物转化制取乙醇过程模型及模拟 ［D］. 南京: 南京林业大学博士论文, 2003.

［90］ Steele B, Ra, S, Nghiem J. Enzyme Recovery and Recycling Following Hydrolysis of Ammonia Fiber Explosion-Treated Corn Stover ［J］. Applied Biochemistry and Biotechnology, 2005: 121-124, 901-910.

［91］ Palonen H, Tjerneld F, Zacchi G. Adsorption of Trichoderma reesei CBH I and EG II and their catalytic domains on steam pretreated softwood and isolated lignin ［J］. Journal of Biotechnology, 2004, 107 (1): 65-72.

［92］ Reese E T. Enzymatic hydrolysis of the walls of yeasts cells and germinated fungal spores ［J］. Biochimica Et Biophysica Acta, 1977, 499 (1): 10-23.

［93］ Puls J, Wood T. The degradation pattern of cellulose by extracellular cellulases of aerobic and anaerobic microorganisms ［J］. Bioresource Technology, 1991, 36: 15-19.

［94］ Goyal A, Ghosh B, Eveleigh D. Characteristics of fungal cellulases ［J］. Bioresource Technology, 1991, 36: 31-50.

［95］ Kumar P, Barrett D M, Delwiche, M. J., Stroeve, P. Methods for pretreatment of lignocellulosic biomass for efficient hydrolysis and biofuel production ［J］. Industrial & Engineering Chemistry Research, 2009, 48: 3713-3729.

［96］ Battista, O. A. Hydrolysis and crystallization of cellulose ［J］. Industrial & Engineering Chemistry, 1950, 43 (2): 502-507.

［97］ Zhang Y H P, Lynd L R. Toward an aggregated understanding of enzymatic hydrolysis of cellulose: noncomplexed cellulase systems ［J］. Biotechnology and Bioengineering, 2004, 88: 797-824.

［98］ Laureano-Perez L, Teymouri F, Alizadeh H, Dale B E. Understanding factors that limit enzymatic hydrolysis of biomass ［J］. Applied Biochemistry and Biotechnology, 2005, 124 (1~3): 1081-1099.

［99］ Arantes V, Saddler J N. Access to cellulose limits the efficiency of enzymatic hydrolysis: The role of amorphogenesis ［J］. Biotechnology for Biofuels, 2010, 3:4.

［100］ Rollin J A, Zhu Z, Sathitsuksanoh N, Zhang Y H P. Increasing cellulose accessibility is more important than removing lignin: A comparison of cellulose solvent-based lignocellulose fractionation andsoaking in aqueous ammonia ［J］. Biotechnology and Bioengineering, 2011, 108 (1): 22-30.

［101］ Köhnke T, Östlund Å, Brelid H. Adsorption of arabinoxylan on cellulosic surfaces: influence of degree of substitution and substitution pattern on adsorption characteristics [J] . Biomacromolecules，2010，12（7）：2633-2641.

[102] Mazeau K，Charlier L. The molecular basis of the adsorption of xylans on cellulose surface [J] . Cellulose，2012. 19（2）：337-349.

[103] Lan T Q，Lou H M，Zhu J. Y. Enzymatic saccharification of lignocelluloses should be conducted at elevated pH 5. 2-6. 2 [J] . Bioenergy Research，2013，6：476-485.

[104] Nakagame S，Chandra R P，Kadla J F，Saddler J N. Enhancing the enzymatic hydrolysis of lignocellulosic biomass by increasing the carboxylic acid content of the associated lignin [J] . Biotechnology and Bioengineering，2011，108：538-548.

[105] Palonen H，Tjerneld F，Zacchi G，Tenkanen M. Adsorption of Trichoderma reesei CBH I and EG II and their catalytic domains on steam pretreated softwood and isolated lignin [J] . Journal of Biotechnology，2004，107：65-72.

[106] 黄爱铃，周美华. 玉米秸秆酶水解影响因素的研究 [J] . 中国资源综合利用. 2004，8：25-27.

[107] Knutsen J S. ，Davis R H. Cellulase Retention and Sugar Removal by Membrane Ultrafiltration During Lignocellulosic Biomass Hydrolysis [J] . Applied Biochemistry and Biotechnology，2004：113-116，585-598.

[108] Ballesteros M，Oliva J M，Negro M J. Ethanol from lignocellulosic materials by a simultaneous saccharification and fermentation process（SFS）with Kluyveromyces marxianus CECT 10875 [J] . Process Biochemistry，2004，39：1843-1848.

[109] Mozhaev V V，Berezin I V，Martinek K. Structure-stability relationship in proteins-fundamental tasks and strategy for the development of stabilized enzyme catalysts for biotechnology [J] . Critical Reviews in Biochemistry and Molecular Biology，1988，23（3）：235-281.

[110] Zhou J，Wang Y H，Chu J. Optimization of cellulase mixture for efficient hydrolysis of steam-exploded corn stover by statistically designed experiments [J] . Bioresource Technology，2009，100：819-825.

[111] Jing D B，Li P J，Xiong X Z. Optimization of cellulase complex formulation for peashrub biomass hydrolysis [J] . Applied Microbiology and Biotechnology，2007，75：793-800.

[112] Eriksson T，Börjesson J，Tjerneld F. Mechanism of surfactant effect in enzymatic hydrolysis of lignocelluloses [J] . Enzyme and Microbial Technology，2002，31：353-364.

[113] Börjesson J，Peterson R，Tjerneld F. Enhanced enzymatic conversion of softwood lignocellulose by poly （ethylene glycol） addition [J] . Enzyme and Microbial Technology，2007，40：754-762.

[114] Zheng Y，Pan Z L，Zhang R H. Non-ionic surfactants and non-catalytic protein treatment on enzymatic hydrolysis of pretreated creeping wild ryegrass [J] . Applied Microbiology and Biotechnology，2008，146：231-248.

[115] Tejirian A，Xu F. Inhibition of Cellulase-catalyzed Lignocellulosic Hydrolysis by Iron and Oxidative Metal Ions and Complexes [J] . Applied & Environmental Microbiology，2010，76（23）：7673-7682.

[116] Liu H，Zhu J Y，Fu S Y. Effect of lignin-metal complexation on enzymatic hydrolysis of cellulose [J] . J. Journal of Agricultural & Food Chemistry，2010，58（12）：7233-7238.

[117] Mandels M，Reese E T. Inhibition of cellulases [J] . Annual Review of Phytopathology，1965，3：

85-102.

[118] Ruiz E, Cara C, Manzanares, P. Evaluation of steam explosion pre-treatment for enzymatic hydrolysis of sunflower stalks [J]. Enzyme and Microbial Technology, 2008, 42: 160-166.

[119] SØensen A, Teller P J., HilstrØm, T. Hydrolysis of Miscanthus for bioethanol production using dilute acid presoaking combined with wet explosion pre-treatment and enzymatic treatment [J]. Bioresource Technology, 2007, 32: 1-6.

[120] Reese E T, Mandes, M. Stability of the cellulase of Trichoderma reesei under use conditions [J]. Biotechnology and Bioengineering, 1980, 22 (2): 323-335.

[121] Ong E, Gilkes N R, Miller R C. The cellulose-binding domain (Cbdcex) of an exoglucanase from cellulomonas-fimi-production in escherichia-coli and characterization of the polypeptide [J]. Biotechnology and Bioengineering, 1993, 42 (4): 401-409.

[122] Lee D, Yu A H C, Saddler J N. Evaluation of cellulase recycling strategies for the hydrolysis of lignocellulosic substrates [J]. Biotechnology and Bioengineering, 1995, 45 (4): 328-336.

第2章

纤维素酶的制备

2.1 引言

木质纤维生物质是世界上最丰富的可再生资源,其生物量是淀粉质原料的1000倍,而人类对其利用率不足10%。我国的木质纤维原料中仅农作物秸秆和皮壳,每年产量就达7亿多吨,林业副产品、城市垃圾和工业废物数量也很可观。木质纤维原料中的纤维素可被纤维素酶降解为葡萄糖,而葡萄糖是发酵工业和许多化学工业及其他工业部门的重要原料,在这一过程中,纤维素酶生产费用是最昂贵的,大约占燃料乙醇生产总成本的40%[1]。里氏木霉(Trichoderma reesei)是国际上公认的纤维素酶生产菌株之一,也是植物纤维原料生物转化制取燃料乙醇工艺中最具工业应用前景的微生物[2]。因此,里氏木霉利用廉价的木质纤维生物质作为碳源,制备适用于可再生能源生产需要的高催化活性、低成本的纤维素酶,是目前生物质能源研究领域的热点。

下面以里氏木霉Rut C30为产纤维素酶菌株,蒸汽爆破玉米秸秆、纸浆和稀酸预处理的玉米秸秆为碳源制备纤维素酶,比较不同碳源纤维素酶的酶活的差异;采用SDS-聚丙烯酰胺凝胶电泳和双向电泳技术,分析不同碳源制备的纤维素酶蛋白表达的差异,根据等电点和分子量与前人纯化的里氏木霉分泌蛋白数据匹配,寻找自产纤维素酶与商品纤维素酶蛋白在糖化性能上的差异。

2.2 原材料

玉米秸秆收集于内蒙古自治区呼和浩特市。蒸汽爆破预处理:玉米秸秆在 3L 蒸汽爆破器中于 1.9MPa 下保温 9min 后瞬间喷放，爆破料经充分洗涤后作为产酶碳源和酶水解底物，4℃冰箱保存备用；绝干蒸汽爆破玉米秸秆含纤维素 45.1%、木聚糖 3.9%、木质素 23.2%。稀酸预处理：玉米秸秆于 0.75%（质量分数）的稀硫酸、121℃下处理 1h，洗涤后作为产酶碳源和酶解底物，4℃冰箱保存备用；绝干稀酸处理玉米秸秆含纤维素 60.1%、木聚糖 6.6%、木质素 25.2%。

自产纤维素酶产酶菌株为里氏木霉 Rut C30，商品纤维素酶购自 Sigma 公司（上海），其滤纸酶活和 β-葡萄糖苷酶酶活分别为 128.10FP IU/mL 和 27IU/mL。SDS-PAGE 凝胶电泳的储存液和缓冲液包括：丙烯酰胺凝胶贮备液、分离胶缓冲液、浓缩胶缓冲液、电极缓冲液、样品溶解液、10%过硫酸铵、N,N,N',N'-四甲基乙二胺（TEMED）、固定液、考马斯亮蓝R-250 染色液和脱色液。双向电泳分析的实验试剂包括：水化上样液、胶条平衡缓冲液母液、电泳缓冲液、琼脂糖封胶液、固定液、敏化液、硝酸银染色液、显色剂和终止液。

2.3　碳源浓度对里氏木霉产纤维素酶的影响

纤维素酶制备培养基采用 Mandels 培养基[3]，碳源为蒸汽爆破的玉米秸秆，里氏木霉 Rut C30 的接种量 10%（体积分数），于 170r/min 的恒温振荡器上培养 5d，产酶第 1 天温度控制在（30±1）℃，第 2 天后控制在（28±1）℃。培养第一天 pH 值下降至 4.5，产酶中后期 pH 不断升高，终止产酶时 pH 为 8。碳源（蒸汽爆破玉米秸秆）浓度对纤维素酶酶活的影响如图 2.1 所示。

从图 2.1 可以看出不同碳源浓度下还原糖浓度和蛋白质变化趋势是相似的。培养基中还原糖的量对于里氏木霉产纤维素酶有一定的影响，培养基中有过多的还原糖会抑制纤维素酶的分泌，过少的还原糖不足以支撑菌丝的生长。从产酶历程看，培养基中的还原糖维持在 0.2g/L 左右，说明里氏木霉可以很好地利用蒸汽爆破玉米秸秆为碳源。随着产酶的进程，培养基中的蛋白质不断升高，蛋白质变化前期是和纤维素酶产酶同步的，但后期蛋白质浓度升高而纤维素酶酶活几乎不提高，这是因为后期培养条件恶化，大量菌丝死亡破裂，导致产酶液中杂蛋白数量增加。

从图 2.1 还可以看出，不同浓度的蒸汽爆破玉米秸秆对里氏木霉产纤维

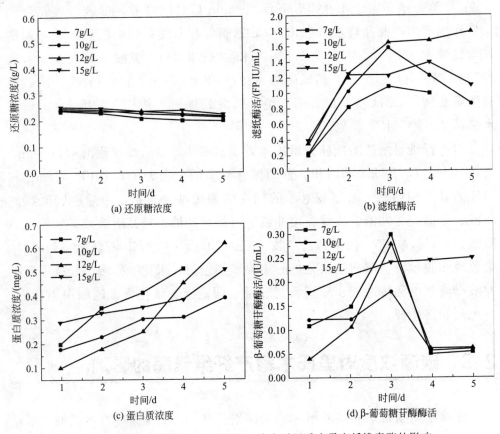

图 2.1 碳源（蒸汽爆破玉米秸秆）浓度对里氏木霉产纤维素酶的影响

素酶的酶活影响很大，最大的纤维素酶酶活是使用 12g/L 蒸汽爆破玉米秸秆为碳源，培养 5d，其酶活达到 1.85FP IU/mL。比较不同浓度的蒸汽爆破玉米秸秆 3d 产纤维素酶的结果发现，碳源浓度为 10g/L 和 12g/L 的蒸汽爆破玉米秸秆产纤维素酶酶活分别为 1.60IU/mL 和 1.67IU/mL，而 7g/L 和 15g/L 纸浆碳源纤维素酶酶活仅为 1.1IU/mL 和 1.23IU/mL。底物浓度对菌体分泌纤维素酶的影响是不同的，Umikalsom 利用膳食纤维素为底物，球毛壳菌（chaetomium globosum）产纤维素酶，滤纸酶活随底物浓度升高而不断增大[4]。Romero 利用麦秆为底物，粗糙链孢菌（neurospora crassa）产纤维素酶也有同样的结果[5]。但是 Vladimir 在利用橘子树皮为底物，栎生侧耳真菌（pleurotus dryinus）产纤维素酶过程中，底物浓度从 1% 提高到 6%，酶活升高；从 6% 升高到 8%，酶活下降 38%[6]。底物浓度的提高可以提高菌丝生长量，从而提高纤维素酶的产量。但当底物浓度提高过大，培养基的黏度和传质性能下降，导致菌丝生长和传质反而不如较低底物浓度。另一原因是由于蒸汽爆破玉米秸秆的不完全利用，导致部分纤维素酶吸附在底物上[7]。不同浓度的蒸汽爆破玉米秸秆培养基中的 β-葡萄糖苷酶酶活变化和上述两种酶不一样，当 β-葡萄糖苷酶酶活最大时，培养基中蒸汽爆破玉米秸秆的浓度为 7g/L，培养 3d，β-葡萄糖苷酶酶活为 0.30IU/mL。可能在低底物浓度下，菌物分泌更多 β-葡萄糖苷酶，降解葡聚糖和纤维二糖提供菌物生长所需的碳源。此外，当培养基中的 pH 值升高到 8 左右时，β-葡萄糖苷酶酶活下降到 0.03IU/mL 左右，这可能是由于 β-葡萄糖苷酶的失活。

2.4　里氏木霉分批补料产纤维素酶

分批补料发酵又称半连续发酵，是介于分批发酵和连续发酵之间的一种发酵技术，旨在分批培养过程中，间歇或连续地补加一种或多种成分的新鲜培养基的培养方法[8]。它具有以下的优点：①可以解除底物抑制，产物反馈抑制和分解产物阻遏；②可以避免在分批发酵中因一次投料过多造成细胞大量生长所引起的一切影响，改善发酵液流变学性质；③可控制细胞质量，以提高发芽孢子比例；④可作为理论研究的手段，为自动控制和最优控制提供实验基础，同连续培养相比，分批补料不需要严格的无菌条件，生产菌也不会产生老化和变异等问题，使用范围也比连续培养广泛。通过补料分批培养可以控制抑制物底物的浓度，解除或减弱分解产物阻遏，并最佳化发酵过程。

以蒸汽爆破玉米秸秆（A）、纸浆（B）和稀酸预处理的玉米秸秆（C）为碳源产纤维素酶，起始碳源浓度为 8g/L，其后每天补加 4g/L 碳源、0.73g/L 硫酸铵和 0.17g/L 尿素，添加 5d，总碳浓度 28g/L，产酶过程各参数变化规律如图 2.2。从图中看出三种碳源分批补料产纤维素酶历程中，pH 值变化规律相似，产酶前 3 天，pH 值不断下降，其后上升。以蒸汽爆破玉米秸秆为碳源，从滤纸酶活和 β-葡萄糖苷酶酶活的变化规律可以看出，纤维素酶的合成主要是在产酶中后期，产酶第 2 天滤纸酶活和 β-葡萄糖苷酶酶活仅为 0.92IU/mL 和 0.3IU/mL，而产酶 3～5d，滤纸酶活和 β-葡萄糖苷酶酶活分别升高到 4.5IU/mL 和 1.2IU/mL。产酶过程中可溶性蛋白质浓度的变化规律和滤纸酶活类似，产酶第 5 天达到 2.1g/L。滤纸酶活最大是第 6 天，滤纸酶活和 β-葡萄糖苷酶酶活分别达到 5.56IU/mL 和 2.06IU/mL；培养基中可溶性蛋白质浓度达到 2.49g/L，此时培养基 pH 值为 6.78。以纸浆

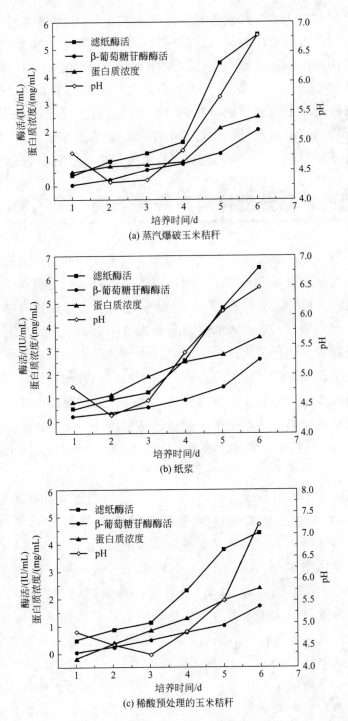

(a) 蒸汽爆破玉米秸秆

(b) 纸浆

(c) 稀酸预处理的玉米秸秆

图 2.2　以蒸汽爆破玉米秸秆（a）、纸浆（b）和稀酸预处理的玉米秸秆

（c）为碳源分批补料产纤维素酶的历程

和稀酸预处理的玉米秸秆为碳源，最大滤纸酶活和 β-葡萄糖苷酶酶活分别为 6.54FP IU/mL 和 2.63IU/mL 及 4.44FP IU/mL 和 1.78IU/mL；培养基中可溶性蛋白质浓度分别达到 3.5g/L 和 2.37g/L。其次，使用纸浆分批补料产纤维素酶 6d，酶产率和酶得率分别为 45.42IU/(L·h) 和 233.57IU/g 纸浆。因此，分批补料产纤维素酶，可以达到提高里氏木霉产纤维素酶的目的。采用碳源和氮源同时分批添加，培养基中 pH 值处在里氏木霉产纤维素酶适合的范围内；菌丝生长适中，碳源不累积，且能大幅度提高里氏木霉产纤维素酶的能力。

2.5　商品纤维素酶和自产纤维素酶酶活的比较

自产纤维素酶来自里氏木霉（Trichoderma reesei）RUT C30，商品纤维素酶为里氏木霉纤维素酶。商品纤维素酶和自产纤维素酶 A（以蒸汽爆破玉米秸秆为碳源）、B（以纸浆为碳源）和 C（以稀酸预处理玉米秸秆为碳源）酶活如表 2.1 所示。表 2.1 反映了商品纤维素酶和自产纤维素酶的酶活，可以看出它们的酶活有所不同。从滤纸酶活来看，商品纤维素酶与自产纤维素酶酶活差别不大；而自产酶的 β-葡萄糖苷酶酶活相对比商品酶高，且自产纤维素酶均具有很高的木聚糖酶活。以纸浆为碳源的自产纤维素酶 B 具有 1.24IU/mg 蛋白质的 β-葡萄糖苷酶酶活和 64.22IU/mg 蛋白质的木聚糖酶活。里氏木霉纤维素酶的研究工作从 20 世纪 60 年代开始，由里氏木霉野生型菌株（T. reesei QM6A）出发，采用诱变育种、基因工程和蛋白质工程等技术，先后获得了不少优良的突变株，其变异株可分泌产生多种纤维素酶复合体，纤维素酶复合体是由一支架蛋白连接起来的多条活性多肽复合物，每条多肽具有 1～2 种纤维素酶功能，在水解纤维素的过程中协同发挥功能。研究表明不同里氏木霉变异株产生的纤维素酶酶系结构不同，各种酶组分的含

表 2.1　商品纤维素酶和自产纤维素酶酶活比较[9]

纤维素酶	滤纸酶活（FP IU/mg 蛋白质）	β-葡萄糖苷酶酶活（IU/mg 蛋白质）	木聚糖酶活（IU/mg 蛋白质）
商品纤维素酶	2.75	0.58	0.57
自产纤维素酶 A	2.23	0.83	15.88
自产纤维素酶 B	2.59	1.24	64.22
自产纤维素酶 C	1.87	0.75	22.51

量、比例及活性大小存在着很大的差异。因此，用于木质纤维原料水解的纤维素酶的评价，不仅仅看各组分酶活高低，而且要看该酶的酶系结构是否合理。

2.6 SDS-聚丙烯酰胺凝胶电泳分析

凝胶电泳槽为 GE Helthcare 公司的 SE 260 电泳仪及 EPS 301 电源仪。采用 12%（质量分数）的分离胶和 5%（质量分数）的浓缩胶，样品溶液和 SDS（十二烷基硫酸钠）变性剂按 2：1 的比例混合，在 100℃ 加热 5min。上样后，调节电泳仪至恒压 120V，待指示剂全部进入分离胶后，电压升至 160V 分离 3h[10]；用考马斯亮蓝 R-250 染色，并采用天能 GIS2009 凝胶图像处理系统照相。图 2.3 为不同纤维素酶蛋白的 SDS-PAGE 凝胶电泳图。

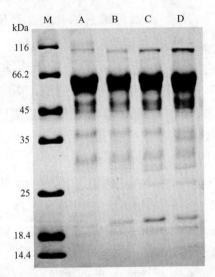

图 2.3　不同纤维素酶蛋白的 SDS-PAGE 凝胶电泳

A—商品纤维素酶；B—以蒸汽爆破玉米秸秆为碳源的自产纤维素酶；C—以纸浆为碳源的
自产纤维素酶；D—以稀酸预处理玉米秸秆为碳源的自产纤维素酶

从图 2.3 中可看出商品纤维素酶和自产纤维素酶蛋白质在分子量分布上存在着差异。相同蛋白质含量的 4 种纤维素酶经电泳后，商品纤维素酶和自产纤维素酶的绝大部分蛋白条带分布在 45～66.2kDa 范围内。但商品酶和自产酶在蛋白谱带上存在量的差异，自产纤维素酶均在 114kDa 附近有一条颜色很深的蛋白条带，而商品纤维素酶在这一分子量附近的条带却很浅，表明自产纤维素酶中分子量为 114kDa 的这种酶蛋白含量较商品纤维素酶的含量高。除了 β-葡萄糖苷酶胞内酶 BGⅡ的分子量在 110kDa 附近，能水解木聚糖以及低聚木糖的非还原末端释放木糖的 β-木糖苷酶（BXL）的分子量也在 96～114 之间。其次是自产纤维素酶在 20kDa 附近有一条颜色很深的蛋白条带，而商品纤维素酶在这一分子量附近的蛋白条带隐约可见。里氏木霉经诱导所分泌的纤维素酶中还含有木聚糖酶，木聚糖酶中的两种内切木聚糖酶分子量都在 20kDa 附近[11]，图中出现在分子量 20kDa 附近的电泳谱带，很有可能就是内切木聚糖酶的电泳谱带。由此说明，自产纤维素酶中存在着一定量的内切木聚糖酶，而商品纤维素酶中内切木聚糖酶含量较少[12]。由表 2.1 也可知，商品纤维素酶的木聚糖酶活仅为 0.57IU/mg 蛋白质，而自产酶 A、B 和 C 的木聚糖酶活分别为 15.88IU/mg、64.22IU/mg 和 22.51IU/mg 蛋白质。

2.7　双向电泳分析

双向电泳，又称作双向凝胶电泳（two-dimensional gel electrophoresis），是近年来广泛应用于蛋白质组学中的一种方法，它是一种分析从细胞、组织或其他样本中提取蛋白质混合物的有力手段。双向电泳利用蛋白质的等电点和分子量的差异，分两步将不同的蛋白质分离。第一向为等电聚焦电泳（IEF），根据 pH 梯度分离至各自等电点，通过电荷来分离蛋白质；第二向是 SDS-PAGE 电泳，根据蛋白质分子量大小的不同将其在与第一向垂直方向上分离。双向电泳结果中的每个斑点都对应着样本中的一种蛋白质，因此可将上千种不同的蛋白质分离开，并得到每种蛋白质的等电点、表观分子量、含量等信息。

自产纤维素酶和商品纤维素酶经超滤离心管（截留蛋白分子量 10kDa）浓缩后，用蛋白质纯化试剂盒（clean-up kit）除去盐分、酯类、核酸等杂质，最后用裂解液溶解蛋白，所得样品保存。商品纤维素酶和自产纤维素酶分别以相同的蛋白含量上样（450μL），第一向等电聚焦（IEF）采用 24cm、pH 3～10 的线性 IPG 胶条，胶条分别在平衡液Ⅰ和平衡液Ⅱ中各平衡 15min；平衡后的胶条转移到 12% 的 SDS 凝胶上进行第二向电泳。经硝酸银染色后，电泳图谱用扫描仪进行扫描；用双向电泳专业图像分析软件 ImageMaster 2D Platinum 5.0 分析图谱，进行点识别、点计数、背景消除等处理以及蛋白斑点量化分析。

已知里氏木霉纤维素酶中已知等电点和分子量的蛋白如表 2.2 所示。由表 2.2 可知，里氏木霉纤维素酶是一种多组分的复合酶系，至少由内切葡聚糖酶、外切葡聚糖酶和 β-葡萄糖苷酶组成，另外还有含有木聚糖酶（XYN）、甘露聚糖酶（MAN）、β-木糖苷酶（BXL）、乙酰基木聚糖酯酶（AXE）、α-半乳糖苷酶（AGL）、阿拉伯呋喃糖酶（ABF）等半纤维素酶[13,14]。从图 2.4 电泳结果看，各组分的分离基本没有拖尾现象，横向扩散也很轻微，大小蛋白质组分斑点均清晰可见，分离效果比较理想。并且以不同碳源制备的自产纤维素酶的三张图谱有很大的相似性，蛋白斑点数都在 110 个左右，且分布比较分散；而商品纤维素酶图谱蛋白点较为集中，蛋白点只有 50 个左右。并且商品纤维素酶和自产纤维素酶在极酸和极碱区域分布的蛋白质点都较少，二者的大多数蛋白质分布在中性偏酸性范围内，其中在等电点 pI 4～6 范围内、分子量 45～66.2kDa 附近的蛋白质富集较多。欧阳嘉[15]对里氏木霉 QM9414 分别以纸浆、葡萄糖、甘油为碳源制备的纤维素酶进行双向电泳，结果表明大部分酶蛋白聚集在 pI 4.5～5.5、分子量 45～66kDa 区域内。Zhou[16]对里氏木霉 T100-14 以微晶纤维素为碳源制备的纤维素酶进行双向电泳，发现大部分酶蛋白在 40～66kDa 区域内，pI 值为 4.2～6.2。里氏木霉纤维素酶主要为酸性酶，具有很强的蛋白分泌能力，分泌的蛋白主要为外切葡聚糖酶 CBH I 和 CBH II，其含量占到了所有分泌蛋白的一半以上。从图 2.2 可看出，无论是商品纤维素酶还是自产纤维素酶的主要蛋白均为外切酶（CBH），并且在相同蛋白质含量下，以蒸汽爆破玉米秸秆、纸浆和稀酸预处理玉米秸秆为碳源的自产纤维素酶 A、B 和 C，外切酶 CBH 表达量分别占各自分泌组总蛋白的 45%、39% 和 37%，而商品酶 CBH 的表达量为分泌总蛋白的 46%。里氏木霉纤维素酶的外切酶（CBH）作用于纤维素的还原末端（CBH I）或非还原端（CBH II），降解纤维素生成纤维二糖。一般而言，纤维素酶的合成既受纤维二糖、槐糖和山梨糖等诱导，又易被葡萄糖和甘油等易利用碳源所阻遏，还受菌体生长速率的影响。但各种碳源和培养条件对纤维素酶各组分合成的影响，随菌株而异，通常外切酶（CBH）受影响较少，而内切酶受影响较大[17]。此外，商品纤维素酶和自产纤维素酶的谱图中都表达了 CBH I、CBH II、EG I、EG II、EG III、XYN IV、BG I、BXL、MAN 等蛋白，但表达量有所不同。

内切葡聚糖酶在降解过程的主要作用是降低纤维素聚合度，从中间断裂纤维素，产生更多的链末端有利于纤维二糖水解酶的降解[18]，由图中可看出，尽管商品纤维素酶和自产纤维素酶在分子量 50～55kDa，等电点 5.0 附近存在 EGⅠ蛋白点，在分子量 48kDa，等电点 5.6 附近存在 EGⅡ蛋白点，但表达量存在一些差异。以蒸汽爆破玉米秸秆、纸浆和稀酸预处理玉米秸秆为碳源的自产纤维素酶 A、B 和 C，EGⅠ表达量分别占各自分泌组总蛋白的 18%、11% 和 7%，EGⅡ表达量分别占各自分泌组总蛋白的 12%、15% 和 17%，而商品酶 EGⅠ和 EGⅡ的表达量为分泌总蛋白的 6% 和 10%。EGⅠ是内切葡聚糖酶中最重要的组分之一，天然里氏木霉的 EGI 表达分泌量约占其产生的胞外蛋白质总量的 10%，缺失 EGI 胞外内切葡聚糖酶的活力损失 25%[19,20]。EGⅡ能随机水解纤维素的无定形区，还可以与 CBHI 发生强烈的协同效应，在降解微结晶纤维素的过程中起重要作用[19]。另外，自产酶和商品酶谱图中都检测到了内切酶 EGⅢ，表达量为分泌总蛋白的 1% 左右。

与商品纤维素酶相比，双向电泳检测出来的自产纤维素酶的蛋白点较多，分布较为分散。图 2.4 中在分子量 25～45kDa、等电点（pI）4～6 范围内，自产纤维素酶存在着较多蛋白点的分布，而商品纤维素酶在这一范围内却很少有蛋白点存在。自产纤维素酶中均具有较高的木聚糖酶活性，在分子量 19kDa，等电点 4.6 附近存在 XYNⅠ蛋白点；在分子量 20～25kDa，等

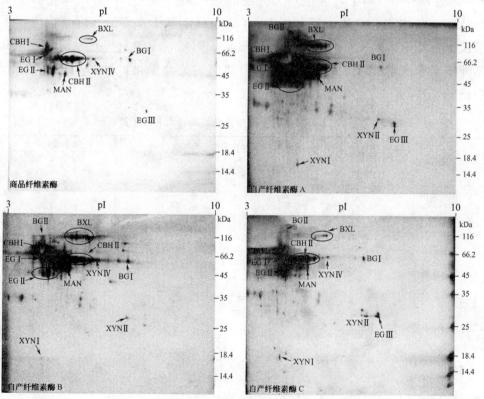

图 2.4　商品纤维素酶和自产纤维素酶的双向电泳图谱

电点 6.6 附近存在 XYNⅡ蛋白点；在分子量 55kDa，等电点 5.6 附近存在 XYNⅣ蛋白点；而商品纤维素酶只存在 XYNⅣ蛋白点。自产纤维素酶是以植物纤维原料为碳源制备的，研究发现，几乎所有的天然纤维原料都能诱导里氏木霉纤维降解系统的产生，而天然纤维材料都具有复杂的化学成分，在诱导纤维素酶同时一般都伴随半纤维素酶的生成[21,22]。而商品纤维素酶的双向电泳图谱与以葡萄糖和甘油为碳源分泌纤维素酶的图谱很相似[15]，可以推断商品纤维素酶可能是以小分子的物质作为碳源产酶，所以分泌的半纤维素酶不多。除了木聚糖酶 XYN 外，自产酶和商品酶双向电泳谱图中还检测到了 β-木糖苷酶（BXL），但自产酶中 BXL 的表达量是商品酶的 5 倍。β-木糖苷酶（BXL）是一种多功能木聚糖水解酶[23]，能水解木聚糖以及低聚木糖的非还原末端来释放木糖。半纤维素糖的水解，暴露出更多纤维素上纤维素酶的结合位点，这可能也是自产酶的水解效率高于商品酶的原因之一。在里氏木霉的分泌体系中，负责水解纤维二糖的酶是 β-葡萄糖苷酶，由图 2.4 可以看出，自产纤维素酶和商品纤维素酶在分子量 75～80kDa，等电点 6.5 附近都存在 BGⅠ，表达量为分泌总蛋白的 2% 左右；自产酶在分子量 110kDa，等电点 4.8 附近还存在 BGⅡ蛋白点。里氏木霉的基因结构决定了里氏木霉纤维素酶中 β-葡萄糖苷酶的不足，因此，无论自产纤维素酶还是商品纤维素在水解纤维素时都无法保证纤维素的完全糖化。里氏木霉纤维素酶中已知蛋白的等电点和分子量见表 2.2。

表 2.2　里氏木霉纤维素酶中已知蛋白的等电点和分子量[11,24,26]

酶	蛋白名称	分子量/kDa	等电点(pI)
外切葡聚糖酶	CBHⅠ	54～63	4.6
	CBHⅡ	38～58	5.1～6.0
内切葡聚糖酶	EGⅠ	50～55	4.0～5.5
	EGⅡ	48	5.6
	EGⅢ	25	6.2
	EGⅣ	35	5.5
	EGⅤ	23	2.9
β-葡萄糖苷酶	BGⅠ	75～80	6.4～7.7
	BGⅡ	90～110	4.8
木聚糖酶	XYNⅠ	19	5.0
	XYNⅡ	21～24	6.6～7.9
	XYNⅢ	32	9.1
	XYNⅣ	55	5.6
甘露聚糖酶	MAN	47	5.7
乙酰基木聚糖酯酶	AXE	31	5.8
阿拉伯呋喃糖酶	ABF	51	6.2
β-木糖苷酶	BXL	96～114	5.4

2.8　不同来源纤维素酶对微晶纤维素的吸附性能

　　商品纤维素酶和自产纤维素酶以微晶纤维素为底物，酶用量 15FP IU/g 纤维素，在 pH 值 4.8，50℃，150r/min 条件下反应 3h 的吸附动力学曲线如图 2.5(a) 所示。在上述水解条件下，测定了不同纤维素酶浓度与微晶纤维素吸附蛋白量的关系，并将吸附蛋白量对不同纤维素酶浓度的倒数作图得一直线，如图 2.5(b) 所示。由图 2.5(a) 可知，在开始阶段，无论是商品纤维素酶还是自产纤维素酶，底物对纤维素酶的吸附容量增长较快；随着吸附时间的增加，吸附速率逐渐减缓，底物对不同纤维素酶的吸附平衡时间大约为 30min，之后达到一个平台区，接近吸附平衡。商品酶的吸附量为 7.98mg/g，自产酶 A、B 和 C 的吸附量分别为 14.97mg/g、13.64mg/g 和 18.63mg/g。微晶纤维素对纤维素酶的吸附容量随吸附时间增长而增加较快，主要是由于底物上的大量疏水性基团和纤维素酶蛋白的疏水氨基酸结合，故达到吸附平衡较为容易[12]。

　　大量研究表明，纤维素酶对纤维素的吸附符合 Langmuir 等温吸附方程。由图 2.5(b) 可以看出商品纤维素酶和自产纤维素酶对微晶纤维素的吸附符合 Langmuir 等温吸附方程，线性关系较好。商品酶对微晶纤维素的吸附平衡常数为 1.66，自产酶 A、B 和 C 的吸附平衡常数分别为 1.42、1.06

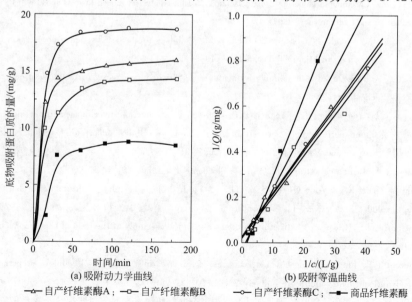

(a) 吸附动力学曲线　　　　　(b) 吸附等温曲线

—△— 自产纤维素酶A；—□— 自产纤维素酶B　　—○— 自产纤维素酶C；—■— 商品纤维素酶

图 2.5　微晶纤维素对不同纤维素酶的吸附动力学曲线（a）和 Langmuir 吸附等温曲线（b）

和 1.11。商品纤维素酶和自产纤维素酶的 Langmuir 常数相差不大，可认为两类酶对微晶纤维素的亲和力相近。研究表明木霉纤维素酶（trichoderma）和青霉纤维素酶（penicillium）水解蒸汽爆破的云杉，94％里氏木霉纤维素酶吸附在底物上，70％青霉纤维素酶吸附在底物上[25]。纤维素对纤维素酶的吸附作用主要是在纤维素酶结构中的纤维素结合域（CBD）完成的。里氏木霉纤维素酶除蛋白含量小于 3％ 的 EGⅢ 不含纤维素结合域（CBD）外，其余 CBHⅠ、CBHⅡ、EGⅠ、EGⅡ、EGⅣ、EGⅤ 均含 CBD；而青霉纤维素酶蛋白质量分数大于 25％ 的 EGⅠ 和 EGⅡ 没有纤维素结合域[26]。从研究结果来看商品纤维素酶和自产纤维素酶的 Langmuir 常数均在 1 附近，相差不大，说明商品酶和自产酶均来自里氏木霉。

参 考 文 献

[1] Muthuvelayudham R，ViRuthagiri T，Deiveegan S. Enhanced cellulose production using mutant strain Trichoderma reesei growing on lactose in batch culture [J]. Industrial Chemistry，Engineering Congress，2004：8-15.

[2] Persson I，Tjerneld F，Hahn-Hägerdal B. Fungal cellulolitic enzyme production：an overview [J]. Process Biochemistry，1991，26：65-74.

[3] Mandels M. Enzymatic hydrolysis of cellulase：Evaluation of cellulase culture filtrates under use condition [J]. Biotechnology Bioengineer，1981，23：2009-2026.

[4] Umikalsom M S，Ariff A B，Shamsuddin Z H，Tong C C，Hassan M A，Karim M I A. Production of cellulase by a wild strain of Chaetomium globosum using delignified oil palm empty-friut-bunch fiber as substrate [J]. Applied Microbiology and Biotechnology，1997：47：590-595.

[5] Romero M D，Aguado J，Gonzalez L，Ladero M. Cellulase production by neurospora crassa on wheat straw [J]. Enzyme and Microbial Technology. 1999，25：244-250.

[6] Weber J，Agblevor F A. Microbubble fermentation of Trichoderma reesei for cellulase production [J]. Process Biochemistry，2005，40：669-676.

[7] Jørgensen H，Mørkeberg A，Krogh K B R.，Olsson L. Production of cellulases and hemicellulases by three penicillium species：effect of substrate and evaluation of cellulase adsorption by capillary electrophoresis [J]. Enzyme and Microbial Technology，2005，36：42-48.

[8] Whitaker A. Fed-batch culture [J]. Process Biochemistry，1980，15：10-15.

[9] Yang J，Zhang X P，Yong Q，Yu S Y. Three-stage hydrolysis to enhance enzymatic saccharification of steam-exploded corn stover [J]. Bioresource Technology，2010，101 (13)：4930-4935.

[10] LaemmLi U K. Cleavage of structural proteins during the assembly of the head of bacteriophage T4 [J]. Nature，1970，227：680-685.

[11] Vinzant T B. Fingerprinting Trichoderma reesei hydrolases in a commercial cellulose preparation [J]. Applied Biochemistry and Biotechnology，2001，91-93：99-107.

[12] 杨静，张晓萍，勇强，余世袁. 几种纤维素酶制剂水解和吸附性能的研究 [J]. 林产化学与工业，2010，30 (1)：27-32.

[13]　Foreman P K，Brown D．Transcriptional regulation of biomass-degrading enzymes in the filamentous fungus Trichoderma reesei [J]．Journal of Biological Chemistry，2003，278（34）：31988-31997．

[14]　杨静，张晓萍，勇强，余世袁．几种纤维素酶蛋白的双向电泳分析 [J]．林产化学与工业，2011，31（2）：48-52．

[15]　欧阳嘉．里氏木霉分泌蛋白降解木质纤维素的研究 [D]．南京：南京工业大学博士学位论文，2007．

[16]　Zhou J，Wang Y H，Chu J，Zhuang Y P，Zhang S L，Yin P．Identification and purification of the main components of cellulases from a mutant strain of Trichoderma viride T 100-14 [J]．Bioresoure Technology，2008，99：6826-6833．

[17]　高培基，曲音波，汪天虹，阎伯旭．微生物降解纤维素机制的分子生物学研究进展 [J]．纤维素科学与技术，1995，3（2）：1-19．

[18]　谢占玲，吴润．纤维素酶的研究进展 [J]．草业科学，2004，21（4）：72-76．

[19]　刘北东，杨谦，周麒．绿色木霉 AS3.3711 的葡聚糖内切酶Ⅰ基因的克隆与表达 [J]．北京林业大学学报，2004，26（6）：71-75．

[20]　Suominen P L，Mantyla A L，Karhunen T，Suominen P L．High frequence one-step gene replacement in Trichoderma reesei. II．Effects of deletions of individual cellulase genes [J]．Molecular & General Genetics，1993，241：523-530．

[21]　Emilo M，Ihnen M，Penttila M．Expression patterns of ten hemicellulase genes of the filamentous fungus Trichoderma reesei on various carbon sources [J]．Journal of Biotechnology，1997，57：167-179．

[22]　Olsson L，Christensen TM.，Hansen K P．Influence of the carbon source of cellulases，hemocellulases and pectinases by Trichoderma reesei [J]．Enzyme and Microbial Technology，2002，33：612-619．

[23]　Herrmann M C，Vrsanska M，Jurickova M.，Hirsch J，Biely P．The β-D-xylosidase of Trichoderma reesei is a multifunctional β-D-xylan xylohydrolase [J]．Biochemical Journal，1997：321：375-381．

[24]　Isabelle H G，Antoine M，Alain D，Gwénaël J，Daniel M，Sabrina L，Hughes M，Jean-Claude S，Frédéric M，Marcel A．Comparative secretome analyses of two Trichoderma reesei RUT-C30 and CL847 hypersecretory strains [J]．Biotechnology for Biofuels，2008，18（1）：1-12．

[25]　Jorgensen，H.，Olosson，L．Production of cellulases by Penicillium brasilianum IBT 20888-Effect of substrate on hydrolytic performance [J]．Enzyme and Microbial Technology，2006，38（3/4）：381-390．

[26]　Palonen H，Tjereneld F，Zacchi G．Adsorption of Trichoderma reesei CBHⅠ and EGⅡ and their catalytic domains on steam pretreated softwood and isolated lignin [J]．Journal of Biotechnology，2004，107（1）：65-72．

第3章

木质纤维生物质酶糖化技术

3.1 引言

　　木质纤维生物质是地球上最多的碳水化合物，来源广泛、价格低廉，可通过生物化学方法将其转化为单糖，继而生产乙醇、丙酮、糠醛、乳酸等化工产品，对国民经济的发展、清洁生产以及生态保护都是可行和必要的[1]，在这一过程中，利用纤维素酶将木质纤维生物质水解为可发酵糖是关键技术，具有降解产物少、葡萄糖得率高、反应温度低、能耗低和不污染环境等优点。纤维素酶是一种多组分的复合酶系，其中的三种主要组分为内切型（β-1,4）葡聚糖酶、外切型（β-1,4）葡聚糖酶和β-葡萄糖苷酶。在水解天然纤维素时必须依靠这三种组分协同作用才能将其彻底水解成葡萄糖[2]。然而，由于纤维素的完全降解需要消耗大量的纤维素酶，且反应时间较长，而纤维素酶的成本较高，以至于纤维素的酶解工艺未能实现工业化。研究和提高纤维素酶对木质纤维原料的降解效率，大幅提高纤维素酶水解的劳动生产率成为该技术商业化的关键。

　　国内外对纤维素酶水解的重点均放在对酶水解性能的提高上，而忽视了长的水解时间将使纤维素酶失活及制备燃料乙醇、丙酮、糠醛、乳酸等化工产品的劳动生产率降低[3~5]。研究表明，对于一定底物浓度和适量的纤维素酶，酶水解反应速率在初期呈对数增长，中期缓慢增加，反应后期由于产物抑制的影响使得反应非常缓慢，完全水解需要4~5d[6]。增加纤维素酶用量可以提高水解得率和缩短水解的时间，但同时增加了水解反应的成本，反而得不偿失。从木质纤维原料制取糖平台化合物的集成技术的可行性和总体经济效益来看，研究纤维素酶水解应全面考虑对纤维素酶水解性能的提高和缩短水解的时间上，寻找技术、经济的平衡点。

下面利用不同碳源制备的纤维素降解酶对蒸汽爆破、稀酸预处理和 Fenton（芬顿）氧化预处理的木质纤维生物质进行酶糖化分析，了解纤维素酶各组分在水解过程中的分布规律。以微晶纤维素和酸木质素作为模型底物，研究纤维素和木质素与纤维素酶的吸附行为对木质纤维原料酶水解的影响。在此基础上，以缩短木质纤维原料酶水解时间为目的，针对水解液中葡萄糖、纤维二糖对酶水解反应的抑制作用及对纤维素-纤维素酶复合物形成的影响，提出了木质纤维原料分段酶水解技术。

3.2　实验材料

玉米秸秆蒸汽爆破和稀酸预处理条件参考第 2 章 2.2 节。不同碳源制备的纤维素酶制备条件参考第 2 章 2.2 节，商品纤维素酶（Sigma 2730，滤纸酶活为 128.10FP IU/mL，β-葡萄糖苷酶酶活为 27 IU/mL）。β-葡萄糖苷酶（β-葡萄糖苷酶酶活为 440 IU/mL，滤纸酶活为 3.3FP IU/mL）；标准品（葡萄糖、纤维二糖、木糖），色谱纯；牛血清蛋白，分析纯。

桑木收集于云南省陆良县，含纤维素 38.8%、木聚糖 20.7%、酸溶木质素 2.1%、酸不溶木质素 26%。NaOH 预处理：桑木粉末经 2% NaOH 溶液处理，固液比 1：10，在温度 65℃下处理 2h 后，用蒸馏水洗涤固体残渣至中性。固体渣作为 NaOH-Fenton 试剂预处理的底物。经 2% NaOH 预处理的桑木含纤维素 42.3%、木聚糖 16.9%、酸溶木质素 2%、酸不溶木质素 27.8%。

NaOH-Fenton 试剂预处理：NaOH 预处理后的桑木，加入质量分数 30% H_2O_2 1～5mL，25～100mmol/L Fe^{2+} 溶液，固液比（1～1.5）：20，用醋酸调节 pH 至 3.0，在 160r/min 的条件下反应 6～48h。反应结束后，将固体渣用蒸馏水洗涤至中性，进行后续纤维素酶水解。经 NaOH-Fenton 预处理的桑木含纤维素 54%、木聚糖 7.9%、木质素 30.1%。

3.3　不同预处理方式对木质纤维生物质一段式酶糖化效率的影响

3.3.1　蒸汽爆破及稀酸预处理对纤维素酶一段式糖化玉米秸秆效率的影响

以蒸汽爆破预处理玉米秸秆为碳源制备的自产纤维素酶（A）、纸浆为碳源的自产纤维素酶（B）和稀酸预处理玉米秸秆为碳源的自产纤维素酶（C），在底物浓度 10%（w/v）、纤维素酶用量 15FP IU/g 纤维素、pH 值 4.8、50℃和搅拌速度 150r/min 下水解蒸汽爆破和稀酸预处理玉米秸秆 72h，采用高效液相色谱（HPLC）测定酶水解液中的葡萄糖和纤维二糖的浓度，并计算酶水解得率[7,8]，酶解历程如图 3.1 所示。

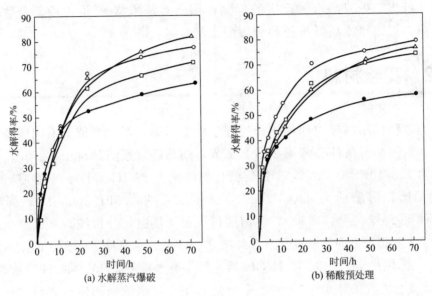

(a) 水解蒸汽爆破　　　　　　　　　(b) 稀酸预处理

图 3.1　不同纤维素酶一段式水解蒸汽爆破（a）和稀酸预处理（b）玉米秸秆的历程
    ●─● 商品纤维素酶；   △─△ 自产纤维素酶 A（以蒸汽爆破玉米秸秆为碳源）；
─□─ 自产纤维素酶 B（以纸浆为碳源）； ─○─ 自产纤维素酶 C（以稀酸预处理玉米秸秆为碳源）

从图中可以看出，无论是商品纤维素酶还是自产纤维素酶一段式水解不同预处理方式的玉米秸秆，在水解开始的前 6h，水解速度较快；而在 6～24h 内，水解速度逐渐减慢；24～48h 后速度更为缓慢，延长水解时间到 72h，水解得率的增加不明显。造成这种现象的可能原因是纤维素酶是一种受反馈抑制的水解酶类，根据纤维素酶水解协同作用机理，终产物葡萄糖反馈抑制 β-葡萄糖苷酶，β-葡萄糖苷酶受抑制后导致体系中纤维二糖浓度提高，纤维二糖的累积反馈抑制外切葡聚糖酶，从而引起反应体系中可溶性纤维低聚糖累积，反应体系中纤维低聚糖的累积反馈抑制内切葡聚糖酶，从而导致酶水解效率的降低；其次，纤维素酶水解速度与纤维素的超分子结构有关，纤维素酶容易进入其无定形区，并能迅速使无定形纤维素水解，而水解结晶纤维素的速度相对较慢。水解初期，主要是纤维素无定形区的水解，随着无定形区纤维素被水解除去，底物的结晶度逐渐增大，主要是被松动的部分结晶纤维素的水解，故水解速度减慢，到水解后期，剩下的高结晶纤维素更难水解，故水解速度缓慢。当然，原料中的木质素对纤维素酶组分的不可逆吸附以及纤维素酶组分的失活等原因也不可忽视。

从图 3.1(a) 可看出，以蒸汽爆破玉米秸秆为底物，水解 8h，商品纤维素酶水解得率为 36.2%，以蒸汽爆破玉米秸秆为碳源诱导的自产纤维素酶 A 的水解得率为 32.4%。随着反应时间的延长，纤维素水解得率提高趋势变缓，水解 24h，商品纤维素酶水解得率为 52.6%，以蒸汽爆破玉米秸秆为碳源诱导的自产纤维素酶 A 的水解得率为 65.5%；水解 48h，商品纤维素酶水解得率为 58.8%，以蒸汽爆破玉米秸秆为碳源诱导的自产纤维素酶 A 的水解得率为 76.2%；水解 72h，商品纤维素酶水解得率为 62.8%，以蒸汽爆破玉米秸秆为碳源诱导的自产纤维素酶 A 的水解得率为 81.4%。以纸浆为碳源的自产纤维素酶 B 和以稀酸预处理玉米秸秆为碳源的自产纤维素酶 C，水解蒸汽爆破玉米秸秆 72h，水解得率分别为 74.7% 和 77.3%。图 3.1 (b) 为商品纤维素酶和自产纤维素酶水解稀酸预处理玉米秸秆的水解历程，水解效率随时间的增长趋势与水解蒸汽爆破玉米秸秆相似，水解 72h 后，商品酶的水解得率为 58.%，以蒸汽爆破玉米秸秆、纸浆和稀酸预处理玉米秸秆为碳源诱导的自产纤维素酶 A、B 和 C 的水解得率分别为 76.5%、74% 和 79.3%。水解得率的区别主要是由两种底物的预处理方式不同造成的。天然植物纤维原料对纤维素酶的可及性差，一般需经过预处理提高原料中纤维素对纤维素酶的敏感性后才用于酶水解。不同的预处理原料的酶水解性能有差异。玉米秸秆经稀酸预处理后，尽管大部分半纤维素被水解抽提，但对纤维素、木质素之间的紧密连接破坏程度仍然相对较小。而经蒸汽爆破的玉米秸秆，不仅脱除了大量半纤维素，改善了纤维的形态结构，而且特有的爆破作用破坏了木质纤维生物质的超分子结构，增加了原料的表面积，提高了纤维素对酶的可及度和敏感性[9,10]。

由图 3.1 还可以看出，商品纤维素酶对蒸汽爆破玉米秸秆的一段式水解得率低于自产纤维素酶。主要是因为商品酶中 β-葡萄糖苷酶的相对不足，造成内切葡聚糖酶和外切葡聚糖酶的降解产物纤维二糖不能被彻底降解成葡萄糖，纤维二糖的积累引起了商品纤维素酶整体水解效率的降低。其次是自产纤维素酶中含有高的木聚糖酶和 β-木糖苷酶，半纤维素的水解，使得更多的纤维素结合位点暴露，增加了纤维素酶的有效吸附；并且由真菌产生的纤维素酶是诱导酶，纤维底物及其类似物均可作为产酶诱导物。底物自身诱导的纤维素酶对底物的水解得率均大于非底物自身诱导的纤维素酶。通常纤维素的酶水解作用主要取决于底物纤维素对酶的敏感性和纤维素酶系的结构，由底物自身诱导的纤维素酶在酶系结构上更适合于纤维素酶组分对底物的协同水解作用[11,12]。

无论是商品纤维素酶还是自产纤维素酶都存在水解液中可发酵糖比例低的情况，主要是里氏木霉自身β-葡萄糖苷酶分泌量不足造成的，可通过添加外源β-葡萄糖苷酶的辅助方式来调整纤维素酶酶系结构，实现对纤维素的高效水解。在商品纤维素酶或自产纤维素酶一段式水解蒸汽爆破的玉米秸秆的体系中，添加 8IU/g 纤维素的 β-葡萄糖苷酶，水解液中纤维二糖、葡萄糖和可发酵糖的比例如表 3.1 所示。无论是自产酶，还是商品酶，水解结束后水解糖液中都含有较高浓度的纤维二糖。以自产酶 A 和商品酶对蒸汽爆破预处理的玉米秸秆的水解为例，水解 48h，水解糖液中纤维二糖浓度分别为 17.1g/L 和 11.7g/L，分别占总糖浓度的 44.7% 和 39.7%。纤维二糖是纤维素酶的抑制物，水解糖液中纤维二糖的存在将抑制纤维素酶的活性，引起水解速率低、水解得率低的现象。同时，以燃料乙醇的制备为例，酶糖化液中的纤维二糖不能被后续的酿酒酵母发酵成乙醇，在纤维素乙醇工艺中属于不可发酵性糖，水解糖液中纤维二糖的累积将最终导致纤维素乙醇得率的降低。因此，自产纤维素酶和商品纤维素酶酶系中，负责降解纤维二糖成葡萄糖的 β-葡萄糖苷酶的含量相对不足，不能满足与另外两个组分内切葡聚糖酶、外切葡聚糖酶实现协同水解作用将纤维素彻底降解成葡萄糖，这是由里氏木霉本身的基因结构和酶组分的表达方式决定的。研究表明，在一定的范围内，糖化率随着体系中 β-葡萄糖苷酶酶活的增加而增加，当β-葡萄糖苷酶酶活增加到一定程度后，糖化得率就基本趋于恒定。从表 3.1 可以看出，在不同纤维素酶中添加外源 β-葡萄糖苷酶后，纤维素水解得率均得到提高，水解糖液中纤维二糖的比例大幅度降低。在水解初期添加酶用量为 8IU/g 纤维素的 β-葡萄糖苷酶后，商品纤维素酶水解蒸汽爆破预处理玉米秸秆 48h后，纤维素水解得率从 58.8% 提高到 78.2%，水解糖液中纤维二糖的浓度从 11.7g/L 降低到 1g/L，相应葡萄糖浓度从 17.8g/L 提高到 38.2g/L，水解糖液中可发酵性糖比例从 60.3% 提高到 97.5%。以蒸汽爆破预处理玉米秸秆诱导的自产酶 A 水解蒸汽爆破预处理玉米秸秆，在纤维素水解初期添加酶用量为 8IU/g 纤维素的 β-葡萄糖苷酶后，水解 48h 后，纤维素水解得率从 76.2% 提高到 90.1%，水解糖液中纤维二糖的浓度从 17.1g/L 降低到 1.1g/L，相应葡萄糖浓度从 21.1g/L 提高到 44g/L，水解糖液中可发酵性糖比例从 55.3% 提高到 97.5%。

表 3.1　蒸汽爆破玉米秸秆的酶解液中纤维二糖和葡萄糖浓度

纤维素酶	添加 β-葡萄糖苷酶/(IU/g 纤维素)	纤维二糖/(g/L)	葡萄糖/(g/L)	可发酵性糖比例/%
商品纤维素酶	0	11.7	17.8	60.3
自产纤维素酶 A		17.1	21.1	55.3
自产纤维素酶 B		11.7	25.7	68.7
自产纤维素酶 C		12.9	23.7	64.8
商品纤维素酶	8	1	38.2	97.5
自产纤维素酶 A		1.1	44	97.5
自产纤维素酶 B		1.5	44.6	96.9
自产纤维素酶 C		1.2	44	97.4

因此，添加外源的 β-葡萄糖苷酶后，商品酶和自产酶的酶系结构趋于合理，β-葡萄糖苷酶与内切葡聚糖酶和外切葡聚糖酶的协同作用较好，纤维素酶的整体水解效率较高，可发酵性糖比例较高。以纤维素酶和 β-葡萄糖苷酶用量分别为 20FP IU/g 绝干底物和 10IU/g 绝干底物，水解碱预处理的麦秆 48h，水解得率从未添加 β-葡萄糖苷酶的 65.9% 增加到 81.2%，还原糖浓度从未添加 β-葡萄糖苷酶的 52g/L 增加到 64.1g/L[8]。饶庆隆[13]研究 β-葡萄糖苷酶酶活与滤纸酶活的比例分别为 0.25、0.5、1、1.5、2、2.5 和 3 时，纤维素酶水解 Solka floc 纤维素，当 β-葡萄糖苷酶与滤纸酶活的比例从 0.25 增加到 2 时，葡萄糖、木糖和纤维素水解得率明显增加；当比例从 2 增加到 3 时，葡萄糖、木糖和纤维素水解得率变化不大；表明最适宜的 β-葡萄糖苷酶与滤纸酶活的比例范围在 0.5～2 之间。造成研究结果相差悬殊的主要原因是由于酶解效率除了与酶系本身及用量多少有关外，还与被降解底物的结构、性质有关，而不同来源的纤维素的性质和结构是有区别的；其次，滤纸酶活与 β-葡萄糖苷酶酶活不是两个相互独立的参数，它们之间有着非常大的关系，滤纸酶活直接受到 β-葡萄糖苷酶酶活大小的影响。但是，外源 β-葡萄糖苷酶的添加增加了酶糖化过程的成本[14]。

3.3.2　NaOH 预处理和 NaOH-Fenton 试剂预处理对生物质一段式酶糖化效率的影响

以 NaOH 预处理的桑木和 NaOH-Fenton（芬顿）反应预处理的桑木为底物，纤维素酶用量 15FP IU/g 纤维素，在底物浓度为 10%，pH 值为 4.8，在 50r/min 和 150r/min 下水解底物 72h，不同底物的一段式酶糖化得率如图 3.2 所示。由预处理底物的化学成分分析可知，经 NaOH-Fenton 预处理桑木中的木聚糖含量（16.9%）比 2% NaOH 预处理的桑木降低

（7.9％）了1.13倍。由图3.2可知，经2％NaOH预处理的桑木，72h酶水解得率为16.1％、葡萄糖浓度为7.2g/L，而经NaOH-Fenton试剂预处理的桑木，72h酶水解得率和葡萄糖浓度分别为60.5％和23.8g/L，比经2％NaOH预处理桑木的酶水解得率提高了44.3％，葡萄糖浓度增加了2.3倍。木质纤维原料是以纤维素作为骨架，半纤维素作为填充物，木质素作为黏结剂结合而成的，被认为是自然界中对生物作用和化学作用抗性最强的材料，纤维素酶对未经预处理的原料几乎不起作用。原料经2％NaOH预处理后，部分半纤维素溶解，其结构受到部分破坏，纤维素润胀，纤维素酶与纤维素的结合位点增加，进而酶水解得率增加。Fenton反应产生的·OH具有较强的氧化性，可夺取葡萄糖单体上的羟基的电子，使其氧化为醛基，从而使底物中纤维素和半纤维素结构疏松，最终达到提高后续酶糖化效率的目的。因此，NaOH-Fenton反应用于原料的预处理可以明显破坏木质纤维素的结构，降低木质素和半纤维素的含量，提高纤维素与纤维素酶之间的接触，从而提高酶水解得率[15~17]。

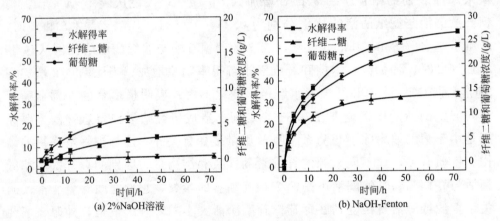

(a) 2%NaOH溶液　　　　　　　　　(b) NaOH-Fenton

图3.2　NaOH和NaOH-Fenton反应预处理对纤维素酶一段式水解效率的影响

　　木材生物降解初期，木材腐朽菌-褐腐菌产生的一种胞外的羟基自由基（OH·）可随机地进攻细胞壁，造成综纤维素（holocellulose）的氧化、解聚和木质素的解聚（depolymeration）、再聚合（repolymeration）。小分子的OH·穿过细胞壁的S3层进入S2层，破坏纤维素的结构，使其聚合度大幅度下降[18]。其次，褐腐菌分泌的内切β-葡萄糖苷酶和半纤维素酶进一步降解综纤维素和果胶质[19]。自由基氧化和酶降解使得褐腐菌完成了对生物质的全降解。Fenton试剂（H_2O_2/Fe^{2+}）产生的OH·具有极强的纤维素降解能力。其引起纤维素聚合度下降的方式与初期褐腐菌降解木材的方式是一致的；后经红外光谱、GC/MS 分析表明，纤维素经 Fenton 试剂作用和纤维素经褐腐菌作用的产物是一致的[20]。Michalska 在常温下用 Fenton 试剂处理草本植物（miscanthusgiganteus，sorghum moensch 和 sidahermaphrodita）2h，原料中的总木质素含量（酸溶木质素和酸不溶木质素）降低了 30％～60％，纤维素和半纤维素含量基本不变；在处理纯纤维素时，发现结晶区发生了变化[21]。Rättö 等的研究也表明，Fenton 试剂产生的 HO· 能降解棉纤维，在反应初期，棉纤维被降解为短纤维，7d 能将棉纤维全部降解为糖；HO· 促进生物质的酶解，其作用效果与酶的性质及纤维素材料的性质有关[22]。陈雨露等[23]将电-Fenton 反应过程中产生的羟基自由基用于解聚棉纤维素，纤维素结晶度降低 33.6％，纤维素解聚率达到 53％。王中旭等[24]用修饰电极电解持续产生的过氧化氢与电循环产生的 Fe^{2+} 离子组成循环电-Fenton 试剂，持续产生的羟基自由基能够有效破坏纤维素分子间或分子内的氢键结构，断裂 β-1,4 糖苷键，造成纤维素解聚为低聚物和可溶性糖；反应 4h，纤维素的结晶度降低了 33.6％，纤维素的解聚率达到 85.8％。

过氧化氢（H_2O_2）与催化剂（Fe^{2+}）构成的氧化体系称为 Fenton 试剂，其发生的氧化反应称为 Fenton 反应（$H_2O_2 + Fe^{2+} \rightarrow H_2O + Fe^{3+} + \cdot OH$）。其本质是在 Fe^{2+} 离子的催化作用下 H_2O_2 能够产生大量的中间产物羟基自由基（·OH），并依靠羟基自由基氧化分解有机物。纤维素和半纤维素上的自由基氧化降解主要发生在葡萄糖 2、3、6 位碳原子的羟基上，羟基的位置不同，其被氧化的方式也不相同：①伯羟基氧化成为醛基，继续氧化成为羧基；②纤维素分子链末端的还原性基团被氧化成为羧基；③葡萄糖环上 C2 和 C3 连接的仲羟基被氧化成醛基，继续氧化变为羧基；④C2 和 C3 上连接的仲羟基在不开环的情况下氧化成为酮基；⑤C1 和 C5 之间的连接断开，同时 C1 发生氧化；⑥C1 和 C2 之间的连接断开，在 C2 上形成醛基进而变成羧基；⑦纤维素分子链中的"氧桥"被氧化得到过氧化物，然后分子链断开。氧化基团的形成能进一步导致葡萄糖单元间的糖苷键不稳定[24]。自由基对木质素的氧化可造成木质素基质的解聚、重排和再聚合，解聚反应包括脱甲基（demethylation）、羟基化（hydroxylation）和侧链氧化（side chain oxidation）；再聚合能产生新—O—键和使木质素基团重新分布。木质素基质的解聚、重排和再聚合能使纤维素酶、半纤维素酶接近综纤维素，进而使得其降解[25,26]。

在纤维素酶一段式水解 NaOH-Fenton 试剂预处理桑木的水解体系中，添加 β-葡萄糖苷酶，使纤维素酶和 β-葡萄糖苷酶用量比率为 2∶1（酶活力比），最大纤维素酶和 β-葡萄糖苷酶用量为 32FP IU/g 纤维素和 16IU/g 纤维素，不同酶剂量对水解效率的影响如图 3.3 所示。由图可知，酶水解得率随着纤维素酶用量的增加而增加，但当酶用量达到一定值后，酶水解得率增加幅度变小，当纤维素酶用量为 20FP IU/g 纤维素时，72h 水解得率为55.9%。添加外源 β-葡萄糖苷酶后，纤维素酶水解得率均有大幅度的提高，当纤维素酶和 β-葡萄糖苷酶的用量分别为 32FP IU/g 和 16IU/g 时，酶水解得率为 76.6%，比单独使用纤维素酶时的酶水解得率 62.4% 提高了22.8%。纤维素酶为复合酶系，主要由内切型（β-1,4）葡聚糖酶、外切型（β-1,4）葡聚糖酶和 β-葡萄糖苷酶组成，添加外源的 β-葡萄糖苷酶后，纤维素酶的酶系结构趋于合理，β-葡萄糖苷酶与内切葡聚糖酶和外切葡聚糖酶的协同作用较好，纤维素酶的整体水解效率提高。

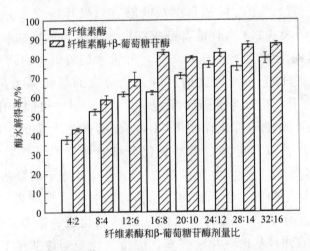

图 3.3　纤维素酶剂量和 β-葡萄糖苷酶剂量对一段式酶水解得率的影响

为了分析不同预处理底物的最大纤维素酶吸附量和纤维素酶与底物间的亲和力，建立了 Langmuir 吸附动力学方程和吸附等温曲线，比较纤维素酶在 NaOH-Fenton 试剂预处理前后的桑木及微晶纤维素（Avicel PH101）上的吸附情况。纤维素酶在不同底物上的 Langmuir 吸附动力学参数如表 3.2所示，纤维素酶对不同底物的吸附等温曲线见图 3.4。

大量研究表明，纤维素对纤维素酶的吸附符合 Langmuir 等温吸附方程[27,28]。由表 3.2 可知，纤维素酶在桑木、NaOH-Fenton 试剂预处理的桑木、Avicel（微晶纤维素）和 NaOH-Fenton 试剂预处理 Avicel 上的最大吸附量分别为 0、8.1mg/g、20.4mg/g 和 48.5mg/g。可以看出，无论是桑木还是微晶纤维素，经 NaOH-Fenton 试剂预处理后，纤维素酶在底物上的最

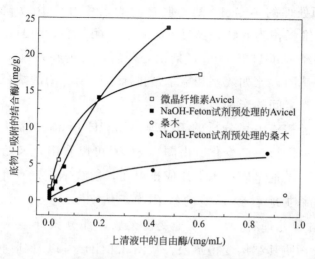

图 3.4　纤维素酶对不同底物的吸附等温曲线

大吸附量均增加了。这是由于经 NaOH-Fenton 试剂预处理后的桑木，除去了部分半纤维素（半纤维素含量由 20.7％降低到 7.9％），并且改变了纤维素的超分子结构，增加了纤维素与纤维素酶的结合位点。同样，以 Avicel 作为底物，经 NaOH-Fenton 试剂预处理后的吸附容量比原料增加了 28.1mg/g，这说明 NaOH-Fenton 试剂预处理能够解聚纤维素，使纤维素结构疏松，从而提供更多的结合位点，增加了纤维素酶的最大吸附量。

表 3.2　纤维素酶在不同底物上的 Langmuir 吸附等温线参数

底物	Γ_m/(mg/g)	K/(mL/mg)	R/(L/g)
桑木	0	0	0
NaoH-Feton 试剂预处理的桑木	8.1	3.7	0.03
Avicel	20.4	10.7	0.22
NaoH-Feton 试剂预处理的 Avicel	48.5	2.1	0.1

注：Γ_m 为纤维素酶最大吸附量，K 为 Langmuir 常数，R 为分配系数。

　　Langmuir 常数 K 表示纤维素酶与底物之间的相对亲和力，纤维素酶与桑木、NaOH-Fenton 试剂预处理的桑木、Avicel、NaOH-Fenton 试剂预处理的 Avicel 之间的 Langmuir 常数 K 分别为 0、3.73、10.74 和 2.08。酶与底物的吸附作用主要受静电作用和疏水作用的影响，桑木由于复杂的木质纤维结构使其无法轻易和纤维素酶蛋白结合，故未经预处理的桑木难以吸附纤维素酶；经 NaOH-Fenton 试剂预处理后，破坏桑木中纤维素、半纤维素和木质素间的致密结构，暴露出纤维素酶的结合位点，其中包括纤维素酶与纤维素间的生产性吸附（producted adsorption）、纤维素酶与木质素之间的非生产性吸附（non-producted adsorption），因而亲和力增加。但是经 NaOH-

Fenton 试剂预处理的 Avicel，酶与底物间的亲和力从 10.7 降低到 2.1，也就是说以纯纤维素作为底物，经过预处理后，酶与底物间的亲和力反而降低了，我们推测经 NaOH-Fenton 试剂预处理后，可能在纤维素分子上产生了一些负电荷的基团，比如羧基和羰基，排斥了底物与酶的结合，从而减小了纤维素酶与纤维素间的亲和力。

图 3.5 为经扫描电镜分析的未处理、NaOH-Fenton 反应预处理及酶水解前后的桑木表面形态的变化。由图 3.5(a) 可以看出，未处理的桑木表面结构紧密有序，质地坚硬；木射线成排存在，射线细胞上有许多纹孔；从图 3.5(b) 可以清晰地看到完整的纹孔膜。从图 3.5(c) 可以看到，经过 NaOH-Fenton 预处理后，纤维质地变得柔软，部分微纤维从原来连接的结构中分离出来，使其结构变得疏松；从图 3.5(d) 可以看到射线细胞的表面发生皱缩现象，这主要是因为 NaOH-Fenton 试剂预处理除去了部分的半纤维素。与图 3.5(b) 相比较，经 NaOH-Fenton 试剂预处理的桑木细胞壁 [图 3.5(c)] 上的纹孔膜破损，纹孔膜的破损增加了桑木的渗透性、孔隙率

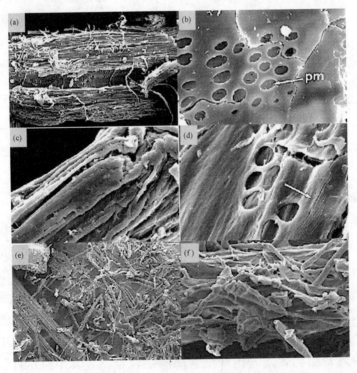

图 3.5　未处理的桑木 (a)，(b)、NaOH-Fenton 试剂预处理
桑木 (c)，(d) 和 24h 酶水解桑木 (e)，(f) 的电镜扫描图

和比表面积，暴露出更多纤维素酶结合位点。Fenton 反应生成的·OH 有效地破坏纤维素链间的氢键结合，使 β-1,4 葡聚糖苷键断裂，解聚纤维素，增加了纤维素酶与纤维素的可及度，有利于后续酶水解。从图 3.5(e)，(f) 可以看出，经过 24h 酶水解预处理后，桑木原本紧密有序的结构受到破坏，纤维被解聚以及断裂。

3.4　纤维素酶一段式糖化木质纤维素过程中酶蛋白的吸附规律

3.4.1　木质纤维素一段式水解过程中纤维素酶蛋白在固液相中的分布

纤维素是固体物质，酶首先要吸附到纤维素分子上才能与之发生反应。当吸附到纤维素分子上的酶发生催化反应后，酶分子必须迅速从纤维素分子上解吸下来，以便吸附到纤维素分子的另一个位置上，催化下一个反应。如果纤维素酶一经吸附到纤维素分子上就无法解吸下来，就无法与新的底物结合，不能继续发挥催化的功能，从表观上看相当于酶"失活"。纤维素酶糖化蒸汽爆破玉米秸秆过程中，收集不同时间点的上清液，用 10kDa 的超滤膜超滤，并测定上清液中的滤纸酶活、β-葡萄糖苷酶和蛋白质浓度变化，以分析纤维素酶各组分在底物上的吸附和解吸情况，如图 3.6 和图 3.7 所示。

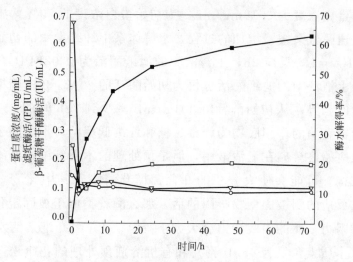

图 3.6　蒸汽爆破玉米秸秆一段酶水解上清液中纤维素酶各组分的变化
■— 酶水解得率；○— 上清液中 β-葡萄糖苷酶酶活；
□— 上清液中纤维素酶蛋白质浓度；▽— 上清液中滤纸酶活

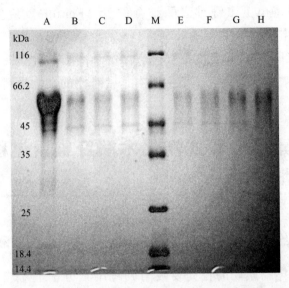

图 3.7　蒸汽爆破玉米秸秆一段酶水解上清液的 SDS-PAGE 电泳图

A—0；B—2h；C—4h；D—6h；M—标准蛋白；E—12h；F—24h；G—48h；H—72h

　　纤维素酶糖化反应为一级反应，在反应初期，水解速率较快；随着水解时间的延长，水解速率逐渐趋于平缓。从图3.6可以看出，在纤维素酶糖化蒸汽爆破玉米秸秆过程中，纤维素酶蛋白在反应的前4h，快速地吸附到底物上，上清液中酶蛋白浓度从初始浓度0.25mg/mL降低到0.10mg/mL；随着反应的进行，吸附到底物上的酶蛋白逐渐解吸，水解24h后，上清液中的纤维素酶蛋白浓度为0.18mg/mL，为初始蛋白浓度的70%。滤纸酶活也呈现了先快速降低又缓慢增加的过程，水解体系中纤维素酶的初始滤纸酶活为0.68FP IU/mL，反应2h，上清液中的滤纸酶活为0.08FPIU/mL，在反应结束后，上清液中的滤纸酶活也仅为初始酶活的20%。β-葡萄糖苷酶呈现出一直减少的趋势，从初始酶活0.14IU/mL减少到72h时的0.10IU/mL。尽管β-葡萄糖苷酶的作用底物为纤维二糖和纤维低聚糖，不吸附于纤维素底物，理论上应始终游离在上清液中，但是预处理的木质纤维中纤维素和木质素的交联结构，可能会使大分子的β-葡萄糖苷酶陷于其中[29,30]。如果催化可溶性底物反应的酶被固型物吸附的话，那么酶就类似于被固定化，从而存在较大传质阻力，酶的表观活力会大大下降[31]。Lu用纤维素酶水解蒸汽爆破花旗松（木质素含量为46.10%）和有机溶剂预处理的花旗松（木质素含量为8.20%），48h后，纤维素酶蛋白也呈现了和我们相同的实验结果，上清液中的酶蛋白浓度分别为初始酶活的30%和65%[32]。在木质纤维的酶水解过程中，纤维素和木质素会与纤维素酶发生竞争吸附，纤维素与纤维素酶之间的吸附属于可逆吸附，而木质素与纤维素酶之间的吸附属于不可逆吸附，因此，纤维素酶在木质纤维糖化过程中的分布，可能会由于底物中木质素的含量和水解时间的不同出现差异。

通过 SDS-PAGE 电泳定性分析了纤维素酶蛋白在糖化蒸汽爆破玉米秸秆过程中的分布现象，如图 3.7 所示。SDS-PAGE 的结果显示纤维素酶蛋白的主要条带集中在 65kDa，主要是纤维素酶的外切葡聚糖酶组分（CBHⅠ和 CBHⅡ）；研究表明里氏木霉野生菌的分泌蛋白主要是外切纤维素酶 CBHⅠ，其含量占到了所有分泌蛋白的一半以上[27]。在水解反应的前 6h，65kDa 的蛋白条带逐渐减弱，随着水解的进行，条带又逐渐增强，表明纤维素酶的主要蛋白先吸附到底物上，再逐步解吸到液相中，但解吸到液相中的酶蛋白量不多，底物可能存在与酶蛋白的不可逆吸附。β-葡萄糖苷酶相对分子量为 70～114kD，有研究认为 BGⅠ为胞外酶，分子量为 70～80kDa；BGⅡ为胞内酶，分子量为 114～118kDa。图中，114～116kDa 条带可能是 β-葡萄糖苷酶的 BGⅡ或者 β-木糖苷酶 BXL，在原酶中清晰可见，随着反应的进行，这一条带变得隐隐约约，反应结束时基本上不能看到；18～20kDa 可能是木聚糖酶的内切木聚糖酶（XYNⅠ），商品纤维素酶的木聚糖酶活不高，故在原酶中条带很淡，随着反应的进行，这一条带也逐渐消失，这一现象表明底物对 β-葡萄糖苷酶和木聚糖酶有非特异性吸附存在。Xu[15]以里氏木霉纤维素酶水解稀酸预处理玉米秸秆 7d，水解得率为 85%；水解第一天，上清液中 90% 内切葡聚糖酶、外切葡聚糖酶和 β-葡萄糖苷酶酶活损失，并且损失一直持续至水解第 7 天；水解第一天，水解液中蛋白质浓度为初始蛋白10%，水解 3～7d 后，有 10% 的酶蛋白脱附。SDS-PAGE 检测水解 1～7d 水解液，只在 50～70kDa 期间有微弱的蛋白条带存在，当大量纤维素被水解后，上清液中仍然没有检测到纤维酶蛋白，认为大部分纤维素酶与木质素发生了不可逆吸附[33]。

3.4.2　木质纤维素水解过程中纤维素酶蛋白在纤维素上的分布

微晶纤维素是由天然纤维素经酸水解得到的具有一定聚合度和结晶度的，并以 β-1,4 葡萄糖苷键结合的直链多糖，常用其作为纤维素酶水解的模型底物。采用和蒸汽爆破玉米秸秆相同纤维素含量的微晶纤维素作为水解底物，在相同的酶用量和水解条件下，分析在纤维素酶一段水解蒸汽爆破玉米秸秆过程中，纤维素对纤维素酶的吸附量和解吸量，以及纤维素酶各组分的固液分布现象，结果如图 3.8 和图 3.9 所示。

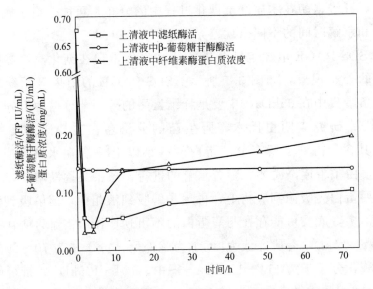

图 3.8　相同纤维素含量的微晶纤维素一段酶水解上清液中纤维素酶各组分的变化

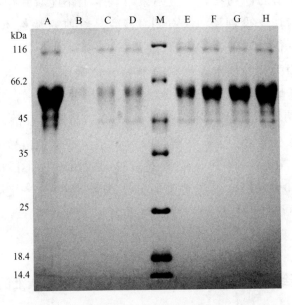

图 3.9　相同纤维素含量的微晶纤维素一段酶水解上清液的 SDS-PAGE 电泳图

A—0；B—2h；C—4h；D—6h；M—标准蛋白；E—12h；F—24h；G—48h；H—72h

　　从图 3.8 可以看出，初始纤维素酶的蛋白质浓度、滤纸酶活和 β-葡萄糖苷酶酶活分别为 0.25mg/mL，0.68FP IU/mL，0.14IU/mL。酶蛋白浓度在 2h 时降低到 0.03mg/mL，说明大量纤维素酶吸附到了固体底物上；8h 时，液相中的蛋白质浓度为 0.10mg/mL，酶蛋白开始慢慢脱附，72h 时，大量的酶蛋白脱附到上清液中，蛋白质浓度达到 0.20mg/mL，为初始酶蛋白的 80%。从滤纸酶活来看，2h 时，液相中滤纸酶活降低为 0.06FP IU/mL，72h 时，上清液中的滤纸酶活也仅为 0.10FPIU/mL，为初始滤纸酶活的 15%。β-葡萄糖苷酶的活性在微晶纤维素 Avicel 一段酶水解过程中没有变化，72h 时，酶活为 0.14IU/mL。Tu[34] 以微晶纤维素 Avicel 为底物，酶用量为 20FP IU/g 纤维素的纤维素酶添加 40IU/g 纤维素的 β-葡萄糖苷酶，水解 72h，结果表明 Avicel 不吸附 β-葡萄糖苷酶，水解结束后不同时间点的 110～116kDa 的蛋白质条带非常明显。图 3.9 的 SDS-PAGE 电泳图也明显地显示了纤维素酶一段水解微晶纤维素过程中，酶蛋白的固液分布现象，水解 2h 的液相中几乎不含有任何纤维素酶蛋白，4h 时，65kDa 的条带出现，说明此时酶蛋白开始慢慢解吸，在 72h 时，90% 的酶蛋白解吸到了液相中。大量研究表明，纤维素酶对纤维素纤维的催化水解是一多相反应体系，包括以下几个过程：酶从溶液中转移到纤维表面；与纤维吸附并形成酶-纤维复合物；酶水解纤维素分子；水解产物从纤维表面转移到溶液中，因此，大分子纤维素的裂解与纤维素酶吸附、反应、解吸的动态过程密切相关。实验结果表明微晶纤维素的一段酶水解过程中，纤维素酶蛋白呈现出"吸附—催化—解吸—再吸附"的过程。

3.4.3　木质纤维素水解过程中纤维素酶蛋白在木质素上的分布

酶解效率低，酶用量大，导致酶水解成本居高不下。特别是在高纤维素底物浓度下，为了得到高的葡萄糖得率必须加大酶的用量；而采用较少的纤维素酶用量和延长水解时间的策略对于提高葡萄糖得率则不太有效。原因之一是纤维素酶在高温和剪切力的作用下失活；原因之二可能是由于酶不可逆地吸附到木质纤维中的木质素表面，无法解吸下来而失去了继续作用于纤维素分子。采用和蒸汽爆破玉米秸秆相同木质素含量的酸木质素作为水解底物，在相同的酶用量和水解条件下，分析在纤维素酶一段水解蒸汽爆破玉米秸秆过程中，木质素对纤维素酶的吸附量，以及纤维素酶各组分的固液相分布现象，结果如图 3.10 和图 3.11 所示。

从图 3.10 可以看出，在纤维素酶一段水解酸木质素的过程中，约 2h 后，吸附容量基本上不发生变化。上清液中酶蛋白浓度在 2h 之内急剧下降，

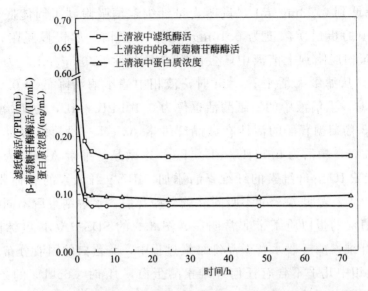

图 3.10 相同木质素含量的酸木质素一段酶水解上清液中纤维素酶各组分的变化

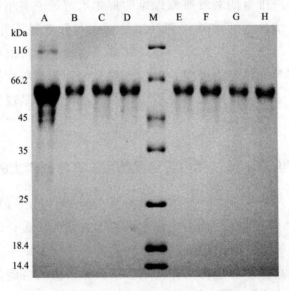

图 3.11 相同木质素含量的酸木质素一段水解上清液的 SDS-PAGE 电泳
A—0；B—2h；C—4h；D—6h；M—标准蛋白；E—12h；F—24h；G—48h；H—72h

从 0.25mg/mL 下降到 0.10mg/mL，之后底物吸附蛋白量趋于稳定，72h 时酶蛋白浓度为 0.10mg/mL；滤纸酶活和 β-葡萄糖苷酶酶活也呈现了相同的趋势，滤纸酶活从初始的 0.68FP IU/mL 减少到 72h 时的 0.19FP IU/mL，β-葡萄糖苷酶酶活从初始的 0.14IU/mL 减少到 72h 时的 0.10IU/mL。72h 时，底物酸木质素上的酶蛋白浓度、滤纸酶活和 β-葡萄糖苷酶酶活分别为初始值的 60%、72% 和 30%。以上数据表明在木质纤维的一段酶水解过程中，木质素对纤维素酶有不可逆吸附现象，并且随着反应的进行没有发现纤维素酶的解吸。可能是由于木质素是由苯基丙烷结构单元通过碳-碳和醚键连接而成的具有三维空间的高分子聚合物，其中主要的化学键类型为 β-O-4 芳醚键，经过预处理后 β-O-4 发生断裂，产生自由酚羟基。研究表明木质素上的自由酚羟基与纤维素酶的吸附有关，在对木质素的酚羟基进行修饰后可消除这种抑制作用[35]。同样，采用 SDS-PAGE 电泳分析了纤维素酶蛋白在固液相中的分布，从图 3.11 可以看出，与初始酶相比，水解 2h 后，纤维素酶蛋白 65kDa 条带减弱了很多，2h 之后，条带没有明显变化。说明水解开始后，外切葡聚糖酶和内切葡聚糖酶快速到底物上，随着水解的进行，并没有解吸，表明纤维素酶蛋白与酸木质素之间的吸附为不可逆吸附。而 114～116kDa 条带几乎看不见，说明 β-葡萄糖苷酶或 β-木糖苷酶不仅能被木质纤维的胶联结构"固定化"，也能与木质素发生不可逆吸附。由于酶的专一性，纤维素酶只能酶解纤维素，因此，木质素的存在，不但阻止了纤维素酶与纤维素的接触，而且竞争吸附纤维素酶，增加了纤维素酶的无效吸附。

3.5　木质纤维生物质的分段酶糖化技术

纤维素生物利用商业化的一个主要障碍是纤维素酶的水解效率低、用量大，酶制备的成本高，导致纤维素乙醇生产成本较高。对木质纤维中的纤维素而言，72h 作为一个水解周期太长，由于终产物反馈抑制的存在，长的水解时间并没有解决水解效率低的问题；此外尽管 80% 的纤维素酶蛋白在液相中，但液相滤纸酶活仅为初始酶活的 15%，而纤维素酶是一个复合酶系，水解纤维素时必须靠三种主要组分的协同作用来完成。也就是说一段水解 72h 后，尽管能回收的液相中 80% 的纤维素酶蛋白，但是这些纤维素酶的协同降解纤维素的活性可能大大降低。原因可能是由于水解过程中热和剪切力使酶失活或者是水解产物对纤维素酶活性的抑制。Xiao 的实验结果表明，纤维素酶水解产物——葡萄糖和纤维素二糖对纤维素酶和 β-葡萄糖苷酶活性有抑制作用，且对纤维素酶的抑制作用大于 β-葡萄糖苷酶。葡萄糖的存在抑制了外切葡聚糖酶的活性[36]。此外，回收利用纤维素酶也是降低酶水解成本的一个热点。上清液中的自由酶可通过超滤或添加新鲜底物的方法进行回收，结合酶可以通过添加新鲜底物再利用残渣上的纤维素酶。理论上超滤能回收上清液中的自由酶，但酶水解后液相中的细小木质素残渣对超滤膜堵塞十分严重，使得超滤方法在实际生产中行不通；添加新鲜底物能过回收酶解残渣中的结合酶，但是仍然存在严重的产物抑制，而且造成了水解体系中木质素的累积。因此，木质纤维酶水解的酶回收技术，一定要寻找技术、经济的平衡点。β-葡萄糖苷酶的作用底物为纤维二糖和纤维低聚糖，但在木质纤维酶水解的过程中，仍然有30%的β-葡萄糖苷酶被木质素不可逆吸附。β-葡萄糖苷酶固定化是首选技术，但固定化对载体材料具有很高的要求，载体材料的价格还直接影响固定化酶能否真正用到实际生产中[37,38]，并且固定化酶在一个非均相体系的反应效率较低。

3.5.1　纤维素酶一段式糖化不同预处理底物的酶反应速率

纤维素酶一段式糖化10%蒸汽爆破玉米秸秆过程中，平均酶反应速率的变化如图3.12(a)。由图可知，由于受到反应产物的抑制作用，酶反应速率随反应时间的延长衰减很大。在反应的初始2h，平均酶反应速率最高，为4.84g/(L·h)；反应6h，酶反应速率降低，平均酶反应速率为2.89g/(L·h)，仅为2h平均反应速率的59.7%；反应8h，平均酶反应速率为2.27g/(L·h)，仅为2h平均反应速率的46.9%；当反应48h时，一方面由于酶在长时间反应过程中的失活作用，另一方面受到浓度不断提高的反应产物的抑制作用，酶反应速率很低，48h的平均反应速率仅为0.61g/(L·h)；延长水解时间到72h，酶平均反应速率没有实质变化，为0.44g/(L·h)。

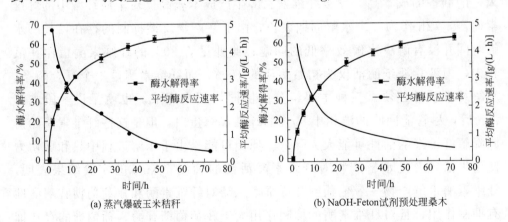

图3.12　纤维素酶一段式糖化蒸汽爆破玉米秸秆（a）和NaOH-Fenton试剂预处理桑木（b）的平均反应速率随时间的变化

由图3.12（b）可知，在纤维素酶一段式水解NaOH-Fenton预处理桑

木的过程中，在水解初期，水解速度很快，8h 时，纤维素酶水解得率为
30.1％；而在 8～24h 内，水解速度逐渐减慢，24h 时，纤维素酶水解得率
为 43.4％；24～48h 后速度更为缓慢，水解 48h，纤维素酶水解得率为
51.9％，延长水解时间到 72h，水解得率的增加不明显，纤维素酶水解得率
为 56％。从图中可以看出，平均酶反应速率随反应时间的延长衰减很大，
在反应的初始 2h，平均酶反应速率最高，为 7.20g/(L·h)；反应 8h，平均
酶反应速率大幅降低，为 3.76g/(L·h)，仅为 2h 平均反应速率的 52.2％；
当反应 24h 时，平均反应速率为 1.81g/(L·h)，仅为 2h 平均反应速率的
25.1％；延长水解时间到 72h，酶平均反应速率越来越低，为 0.78g/(L·h)。

　　造成这种现象的可能原因是纤维素酶是一种受反馈抑制的水解酶类，根
据纤维素酶水解协同作用机理，终产物葡萄糖反馈抑制 β-葡萄糖苷酶，β-葡
萄糖苷酶受抑制后导致体系中纤维二糖浓度提高，纤维二糖的累积反馈抑制
外切和内切葡聚糖酶，从而导致酶水解效率的降低；其次，纤维素酶水解速
度与纤维素的超分子结构有关，水解初期，主要是纤维素无定形区的水解，
随着无定形区纤维素被水解，底物的结晶度逐渐增大，主要是结晶纤维素表
面的水解，故水解速度减慢，到水解后期，剩下的高结晶纤维素更难水解，
故水解速度缓慢。研究表明可通过及时除去生成的葡萄糖来解除产物抑制作
用，Knutsen 在酶水解过程中，采用真空抽滤和超滤间歇除去葡萄糖，并回
收了纤维素酶[39]。酶水解过程中简单的固液分离就能使终产物浓度下降，
从而可提高后续反应的酶平均反应速率。Xiao 以对硝基苯基-β-D-葡萄糖苷
（pNPG）和纤维二糖为底物，测定葡萄糖对 β-葡萄糖苷酶反应速率的影响，
表明当葡萄糖浓度超过 10g/L 时，酶反应速率降低 80％；以微晶纤维素
Avicel 为底物，测定葡萄糖和纤维二糖对纤维素酶反应速率的影响，表明水
解液中葡萄糖和纤维二糖的联合抑制作用，使得酶反应速率迅速降低[36]。
酶反应速率的降低意味着酶反应时间的延长和酶水解效率的降低，因此寻找
解除产物对酶反应的抑制作用方法对于提高酶水解效率，缩短酶反应时间十
分必要。

3.5.2　纤维素酶分段水解蒸汽爆破玉米秸秆

　　纤维素酶一段式糖化蒸汽爆破玉米秸秆过程中，酶反应速率受到反应产
物强烈的抑制作用。基于在木质纤维水解过程中及时消除反应产物对酶反应
的抑制作用，研究了分段水解技术对纤维素酶糖化效率的影响。分段水解的

技术方法是（见图 3.13）：蒸汽爆破玉米秸秆经过纤维素酶水解一定时间后，采用固液分离的方法将反应产物移走；洗涤酶解残渣，超滤上清液回收纤维素酶，并补加一定缓冲液、酶液和水继续反应，从而降低了反应体系中过高浓度产物对酶的反馈抑制作用[33,40]。

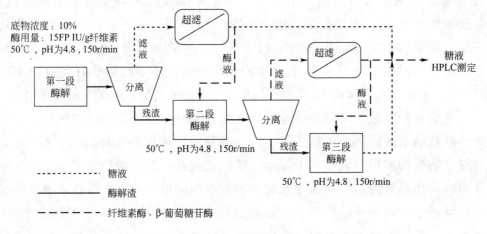

图 3.13　纤维素酶分段糖化蒸汽爆破玉米秸秆

　　酶用量 15FP IU/g 纤维素的商品纤维素酶水解 10％蒸汽爆破玉米秸秆，水解方案为两段（12h＋12h）、三段（8h＋8h＋8h）和四段（6h＋6h＋6h＋6h）。不同分段方案对纤维素酶水解得率和水解糖液组成的影响如表 3.3 所示。由表 3.3 可知，蒸汽爆破玉米秸秆经分段酶水解后，水解得率显著提高；分段水解模式下的水解得率均高于未分段水解，并且分段点越多，即移走的终产物越多，则水解得率就越高。两段（12h＋12h）、三段（8h＋8h＋8h）和四段（6h＋6h＋6h＋6h）的水解得率分别为 59.2％，67.2％和72.4％；同未分段水解 24h 的水解得率 52.6％相比，四段（6h＋6h＋6h＋6h）的水解得率提高了 37.6％。主要是由于分段水解技术通过简单的离心分离，解除了水解产物——纤维二糖和葡萄糖对反应的抑制作用。在糖化过程中，纤维二糖的不断增加抑制内切葡聚糖酶和外切葡聚糖酶活性，β-葡萄糖苷酶对葡萄糖的累积更敏感，但对于整个纤维素酶系纤维二糖的抑制作用强于葡萄糖。赵越[41]用红外、荧光和圆二色谱分析表明，纤维二糖可结合在外切葡聚糖酶活性部位附近的色氨酸残基上形成"位阻效应"，从而阻止纤维素分子链进入活性中心。同时，结合纤维二糖后，外切葡聚糖酶分子构象发生了较大变化，致使吸附纤维素后不能导致微纤维的分离，为"无效吸附"。

表 3.3　纤维素酶分段水解蒸汽爆破玉米秸秆

水解方案	水解得率/%				
	第一段	第二段	第三段	第四段	合计
一段水解 24h	—	—	—	—	52.6
二段(12h+12h)	39.7	19.5	—	—	59.2
三段(8h+8h+8h)	34.4	20.8	12.0	—	67.2
四段(6h+6h+6h+6h)	31.8	21.5	12.4	6.7	72.4

由图 3.12 反应时间对酶反应速率的影响可知，在酶反应 6h 后反应速率大幅度下降，仅为初期平均酶反应速率的 59.7%；在酶反应 12h 后，反应速率为初期平均酶反应速率的 37.8%。并且水解 6h 后，酶解残渣中纤维素酶蛋白含量为初始酶蛋白的 37.4%，滤纸酶活为初始滤纸酶活的 81.8%，β-葡萄糖苷酶酶活为初始酶活的 26.8%；水解 12h 后，酶解残渣中纤维素酶蛋白、滤纸酶活和 β-葡萄糖苷酶酶活，与 6h 时的相比没有太大变化。表明酶水解 6～12h，大量的活性酶蛋白吸附在酶解残渣上，12h 后开始慢慢脱附到液相中。因此，与水解 8h 和 12h 相比，无论从酶反应速率和酶-底物复合物的形成来看，水解 6h 都是一个最佳分段节点。分段节点为 6h 是解除水解产物对酶反应的抑制作用和形成酶-底物复合物的最佳平衡点，在此节点下可获得最高的酶水解得率和底物最多的酶吸附量。

3.5.3　纤维素酶三段水解蒸汽爆破玉米秸秆

酶水解反应中的反馈抑制解除后，水解效率大幅提高，理论上把酶水解过程进行无限分段后，纤维素将会被完全水解，如三段（8h+8h+8h）比二段（12h+12h）、四段（6h+6h+6h+6h）比三段（8h+8h+8h）能够得到更多的糖。但是分段越多，水解工艺就越复杂，操作费用也会相应增加，综合以上因素，提出了三段（6h+6h+12h）水解。底物浓度为 10% 蒸汽爆破玉米秸秆，酶用量 15FP IU/g 纤维素的商品纤维素酶，于 50℃、pH 为 4.8 和 150r/min 的搅拌速度下进行（6h+6h+12h）分段水解。基于每段回收的纤维素酶蛋白的百分数和简化工艺的原则，（6h+6h+12h）分段酶水解又分为回收酶的（6h+6h+12h）分段水解和添加酶的（6h+6h+12h）分段水解。回收酶的（6h+6h+12h）分段水解是在每段水解结束后采用 10kDa 的超滤膜回收液相中的纤维素酶蛋白，回收的酶液继续用于下一段的水解；添加酶的分段（6h+6h+12h）水解取消了每段水解结束后的酶回收工艺，在第二段和第三段水解开始时分别添加 3FP IU/g 纤维素和 2FP IU/g 纤维素的纤维素酶。纤维素酶（6h+6h+12h）分段水解蒸汽爆破玉米秸秆的历程如图 3.14 所示。

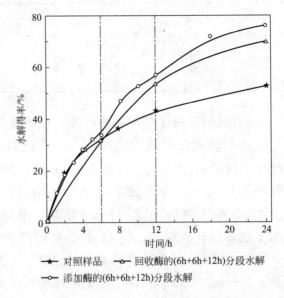

图 3.14　(6h＋6h＋12h) 分段酶水解蒸汽爆破玉米秸秆历程

由图 3.14 可知, 回收酶三段 (6h＋6h＋12h) 水解 24h 的水解得率为 70.2%, 比一段酶水解 24h 的水解得率 52.6% 提高了 33%。在回收酶的 (6h＋6h＋12h) 分段水解过程中, 每一段水解结束后, 用 10kDa 的超滤膜超滤水解上清液并测定相应的酶活。第一个 6h 回收的纤维素酶滤纸酶活为初始酶的 12.1%, β-葡萄糖苷酶酶活为初始酶的 31.7%, 第二个 6h 回收的纤维素酶滤纸酶活为初始酶的 8.3%, β-葡萄糖苷酶酶活为初始酶的 22.1%。以上结果表明, 尽管在每段水解之后, 都进行残渣洗涤, 但吸附在固体残渣 (纤维素和木质素) 上的酶很难洗出来, 纤维素酶分子量较小, 基本上洗不出来; β-葡萄糖苷酶分子量大些, 可以多洗些出来。也就是说, 大量的纤维素酶吸附在固体残渣上。其二, 理论上超滤回收纤维素酶是可行的技术, 但实际操作中很难实现, 因为木质纤维的酶水解反应是一个固液非均相反应, 不溶底物将导致膜的严重污染和损坏, 并且超滤膜费用昂贵, 生产 1 加仑 (1 加仑＝3.785L) 乙醇超滤膜的费用大约为 12 美分[42]。因此, 添加酶的分段 (6h＋6h＋12h) 水解取消了酶回收过程, 在第二个 6h 开始时, 添加初始酶活 (15FP IU/g 纤维素) 的 20% 即 3FP IU/g 纤维素, 第三个 12h 开始时, 添加初始酶活 (15FP IU/g 纤维素) 10% 即 2FP IU/g 纤维素, 总酶用量为 20FP IU/g 纤维素。不难看出, 添加酶是为了补偿固液分离后损失的滤纸酶活和 β-葡萄糖苷酶酶活。

添加酶的三段（6h+6h+12h）水解中，第一段的水解得率为 33.62%，第二段的水解得率为 23%，第三段的水解得率为 19.42%，24h 的水解得率为 76.13%，比一段酶水解 24h 的水解得率 52.60% 提高了 45%。与回收酶的（6h+6h+12h）分段水解相比较，添加酶工艺水解得率的显著提高主要体现在第二段和第三段上。新鲜纤维素酶的添加使第二段水解得率由 21.21% 增加到 23.09%，第三段水解得率由 17.19% 增加到 19.42%。研究表明纤维素内切酶对非结晶纤维素具有很高的降解效率，但对结晶纤维素的降解效率较低；纤维素内切酶和外切酶对结晶纤维素的降解具有协同作用，即两个组分按一定比例混合之后，酶活大于二者单独作用时的酶活之和[32,43]。在回收酶的三段（6h+6h+12h）水解中，固液分离操作将内切葡聚糖酶滤去，尽管上清液超滤后酶液继续使用，但超滤过程可能会让部分内切葡聚糖酶在剪切力作用下部分失活，从而降低了第二、三段水解过程中酶组分的协同降解活性。

采用（6h+6h+12h）分段酶解木质纤维技术，由于反应过程中纤维二糖和葡萄糖的及时移除，大大减轻了反应产物对纤维素酶的抑制作用，提高了纤维素的水解得率，且可明显缩短酶解反应的时间。与未分段的木质纤维原料酶水解工艺相比，采用三段酶水解法可使纤维素水解得率从 52.06% 提高到 70.16%（酶回收工艺）和 76.13%（添加酶工艺），酶水解时间从 48h 减少到 24h。酶水解反应后，纤维素酶蛋白吸附于底物上，称之为结合酶（Bound enzyme）。（6h+6h+12h）分段酶水解充分利用了酶解残渣上的结合酶，短时间的反应使得温度、剪切力等因素对结合酶活性的影响不大，底物上的结合酶仍然具备高的协同降解天然纤维素的反应性。

3.5.4　添加酶三段水解过程中纤维素酶的分布

添加酶的三段（6h+6h+12h）水解过程中，经固液分离收集不同时间点的上清液，用 10kDa 的超滤膜超滤，通过测定上清液中的滤纸酶活、β-葡萄糖苷酶和蛋白质浓度变化，分析纤维素酶各组分在蒸汽爆破玉米秸秆底物上的吸附和解吸情况，结果如图 3.15 和图 3.16 所示。

从图 3.15 可以看出，初始纤维素酶的蛋白质浓度、滤纸酶活和 β-葡萄糖苷酶酶活分别为 0.25mg/mL，0.68FP IU/mL，0.14IU/mL。反应开始时，大量的酶蛋白快速吸附到底物上，第一个 6h 后，酶解残渣中的纤维素酶蛋白浓度为 0.158mg/mL，占初始酶蛋白浓度的 63%，酶解残渣中的滤

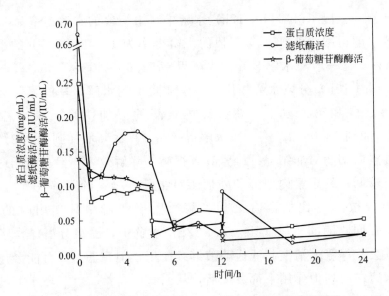

图 3.15　添加酶的三段（6h＋6h＋12h）酶水解蒸汽爆破
玉米秸秆上清液中纤维素酶各组分的变化

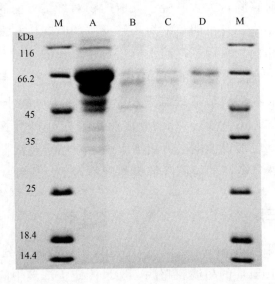

图 3.16　添加酶的三段（6h＋6h＋12h）酶水解上清液中纤维素酶蛋白的 SDS-PAGE 电泳
M—标准蛋白；A—0；B—第一个 6h；C—第二个 6h；D—第三个 12h

纸酶活为 0.51mg/mL，占初始酶活的 75%，酶解残渣中的 β-葡萄糖苷酶酶活为 0.04mg/mL，占初始酶活的 30%。离心分离固液相，用蒸馏水洗涤固体残渣，补加适量缓冲液、蒸馏水和新鲜纤维素酶（酶用量为 3FP IU/g 纤维素）到固体残渣中，继续水解 6h 后，上清液中的滤纸酶活从第二段起始酶活 0.14FP IU/mL 降低到 0.03FP IU/mL，酶蛋白浓度和 β-葡萄糖苷酶酶活值变化不大，表明大量活性酶蛋白被吸附在固体残渣上。补加新鲜纤维素酶（酶用量为 2FP IU/g 纤维素）进行第三个 12h 的水解，纤维素酶蛋白质浓度、滤纸酶酶活和 β-葡萄糖苷酶酶活显示了同样的趋势。添加酶的（6h＋6h＋12h）三段水解的各段上清液经 10000r/min 下离心 5min，取上清液进行 SDS-PAGE 凝胶电泳，结果如图 3.16 所示。由初始纤维素酶蛋白的谱带（A）可看出，商品纤维素酶蛋白主要由外切葡聚糖酶（CBH Ⅰ、GBH Ⅱ）、内切葡聚糖酶（EG Ⅰ～Ⅴ）和 β-葡萄糖苷酶组成。水解 6h 后，液相中的酶蛋白各组分浓度都非常低，谱带（B）与初始酶蛋白相比非常弱，显示了纤维素酶蛋白在水解初期与底物的快速吸附；尽管在第二段和第三段补加了新鲜的纤维素酶，但新鲜纤维素酶仍然能快速吸附到底物上，液相中的酶蛋白浓度很低（C 和 D）。

以上结果进一步表明，水解 6h 确实是一个关键的节点，此时，大量活性的纤维素酶蛋白吸附在底物上，简单离心分离解除产物抑制后，酶解残渣上的结合酶的协同水解活性得到改善。第二段和第三段新鲜纤维素酶的补加也非常有必要，因为数据表明第一段、第二段酶解残渣上纤维素酶蛋白的吸附位点还未饱和，故新鲜酶能快速吸附到底物上，参与底物的水解；并且新鲜"血液"的补充，使得酶解残渣上的结合酶又找到了共同作战的战友，发挥最大的作战力。当然，6h 只是针对 10% 底物浓度的水解，随着底物浓度的增加，酶反应速率和酶与底物的吸附情况会随之发生变化，因此，在高底物浓度的分段酶水解过程中，分段节点的选择也应综合考虑酶反应速率和酶与底物的吸附对水解效率和水解时间的影响。

3.5.5　纤维素酶分段水解 NaOH-Fenton 试剂预处理的桑木

在底物浓度 10%，纤维素酶用量 15FP IU/g 纤维素，pH 为 4.8，50℃和搅拌速度 150r/min 的条件下分段水解 NaOH-Fenton 预处理的桑木。分段水解的方法是：底物经过纤维素酶水解一定时间后，采用固液分离的方法将反应产物移走；洗涤酶解残渣，并补加一定量的酶液（用超滤的方法回收上清液中的纤维素酶，并测定酶活，根据酶活决定需补充的酶量）、缓冲液和水继续下一段的反应。根据酶反应速率把 24h 等分，水解方案分别为（12h＋12h）、（8h＋8h＋8h）和（6h＋6h＋6h＋6h）。不同分段方案对纤维素酶水解得率的影响如表 3.4 所示。

表 3.4　纤维素酶分段水解 NaOH-Fenton 试剂预处理桑木的水解得率

水解方案	酶水解得率/%				
	第一段	第二段	第三段	第四段	合计
24h	39.3	—			39.3
(12h+12h)	24.0	20.2	—		44.2
(8h+8h+8h)	19.3	20.2	15.9	—	55.4
(6h+6h+6h+6h)	18.7	17.7	11.8	9.2	57.4

由表 3.4 可知，NaOH-Fenton 预处理桑木经分段酶水解后，酶水解得率均高于一段水解。二段（12h+12h）、三段（8h+8h+8h）和四段（6h+6h+6h+6h）的水解得率分别为 44.2%，55.4% 和 57.4%；同一段水解24h 的水解得率 39.3% 相比，二段（12h+12h）、三段（8h+8h+8h）和四段（6h+6h+6h+6h）的水解得率分别提高了 12.6%、41.1% 和 46.2%。从表中可以看出，在二段（12h+12h）、三段（8h+8h+8h）和四段（6h+6h+6h+6h）分段水解过程中，第二段的水解得率分别为 20.2%、20.2%和 17.7%，8h 的水解得率最大，并且 12h 第一段酶解残渣中的残糖比 8h多，并且长的水解时间也影响了纤维素酶的活性，而 6h 的水解时间较短，酶解得率不高；在（8h+8h+8h）和（6h+6h+6h+6h）分段水解过程中，第三段的水解得率分别为 15.9% 和 11.8%，8h 的水解得率大于 6h，6h 的水解时间不够。（6h+6h+6h+6h）分段水解第四段的水解得率为 9.2%，低的水解得率与底物结构和酶活力以及水解时间有关。理论上把酶水解过程进行无限分段后，纤维素将会被完全水解，但是分段越多，水解工艺就越复杂，操作费用也会相应增加，因此，把酶水解过程分为四段是没有必要的。

　　在纤维素酶水解过程中，各种酶组分的酶活受其产物的反馈抑制调节。在纤维素酶一段式水解 NaOH-Fenton 预处理桑木过程中，产物抑制的解除使达到相同的酶水解得率，三段（8h+8h+8h）酶水解的反应时间比一段式水解缩短了 48h。纤维素酶三段（8h+8h+8h）水解过程中水解得率和平均酶反应速率的变化如图 3.17 所示。由图 3.17 可知，在（8h+8h+8h）三段水解过程中，随着反应过程中产物的去除，酶反应速率呈迅速增加趋势。在第一段除去终产物后，纤维素酶反应速率从 8h 时的 1.25g/(L·h) 提高到 10h 时的 2.21g/(L·h)，比一段式水解 12h 的酶反应速率 1.43g/(L·h)提高了 75%；在第二段除去终产物后，18h 纤维素酶反应速率为 1.54g/(L·h)，比一段水解 18h 的酶反应速率 0.89g/(L·h) 提高了 73%。以上数据表明，纤维素酶分段水解，产物抑制的解除提高了酶水解反应的速率，从而改善了纤维素酶各组分协同降解纤维素的活性，导致了酶水解得率的增加。该方法通过分段酶水解技术及时地移走了反应产物，解除了纤维二糖和葡萄糖对反应的抑制作用，且分段点越多，移走的反应产物就越多，酶水解得率也就越高。在三段（8h＋8h＋8h）水解过程中，在 8h 和 16h 及时地移走反应产物——纤维二糖和葡萄糖，有效地解除了产物抑制作用，使酶水解得率显著提高。

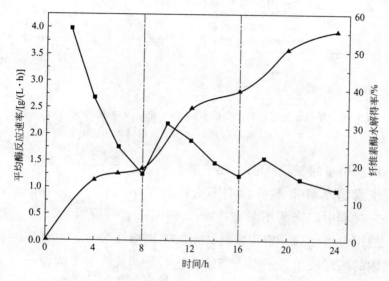

图 3.17　纤维素酶三段（8h＋8h＋8h）水解 NaOH-Fenton 预处理桑木的水解得率和平均酶反应速率随时间的变化
—■— 平均酶反应速率；—▲— 纤维素酶水解得率

底物浓度为 10％时，纤维素酶用量对一段式水解和（8h＋8h＋8h）三段式水解得率的影响如图 3.18 所示。由图 3.18 可知，无论是一段水解还是三段水解，纤维素酶水解得率均随着酶用量的增加而提高，在底物浓度不变的条件下，酶用量的增加意味着酶与底物接触的机会增加，酶-底物复合物形成的增加，从而导致更多的纤维素酶吸附到底物上，增加了平均酶反应速率。当酶用量从 20FP IU/g 纤维素提高到 40FP IU/g 纤维素时，在一段式酶水解中，72h 纤维素酶水解得率从 64％提高到 79.5％；在三段（8h＋8h＋8h）酶水解中，24h 纤维素酶水解得率从 65.9％提高到 88.1％。无论是一段式水解还是三段式水解，酶用量在 30～40FP IU/g 纤维素之间，对纤维素酶的水解得率影响不大，说明酶用量只是在一定范围内影响纤维素酶水解得率，除了酶用量外，底物中纤维素的聚合度、结晶度和木质素等对纤维素酶水解得率也有影响。

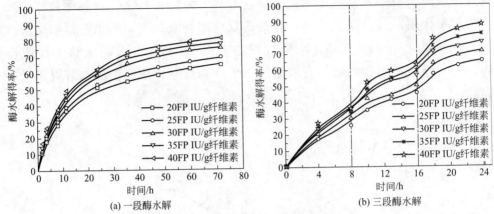

图 3.18 纤维素酶用量对一段酶水解（a）和三段（8h+8h+8h）水解
（b）NaOH-Fenton 预处理桑木水解得率的影响

在不同酶用量的三段（8h+8h+8h）酶水解过程中，在第一个 8h，酶用量对纤维素酶水解得率的影响不大；而在第二段（8～16h）和第三段（16～24h）过程中，当酶用量在 30～40FP IU/g 纤维素时，酶水解得率显著增加。酶用量增加到一定程度时，水解速率增加缓慢，主要是由于纤维表面最初吸附的酶形成单分子层，当结合位点全部被纤维素酶分子饱和后，即使再增加过量的纤维素酶也起不到提高水解得率的作用。因此，在木质纤维原料酶水解过程中，增加纤维素酶的用量在一定程度上对水解有利，可以提高水解得率，但当纤维素酶量超过一定量后，对水解的影响不大，而且过高的纤维素酶用量将直接导致纤维素酶水解成本的增加。

3.5.6 自产纤维素酶三段水解蒸汽爆破玉米秸秆

自产纤维素酶为里氏木霉 Rut C30 以含 10g/L 纤维素的不同碳源制备，碳源分别为蒸汽爆破预处理玉米秸秆（A）、纸浆（B）和稀酸预处理玉米秸秆（C）（制备方法参见第 2 章）。在底物浓度 10%、纤维素酶用量为第一段 15FP IU/g 纤维素，第二段和第三段水解开始时分别添加 3FP IU/g 纤维素和 2FP IU/g 纤维素的新鲜纤维素酶。于 pH 值 4.8、50℃和搅拌速度 150r/min 下，进行分段（6h+6h+12h）水解蒸汽爆破的玉米秸秆，自产纤维素酶分段（6h+6h+12h）水解得率如图 3.19 所示。从图 3.19 可知，在添加酶的分段（6h+6h+12h）酶水解过程中，自产纤维素酶的水解得率均高于商品纤维素酶，水解得率的显著提高主要体现在第二段和第三段。商品纤维素酶第

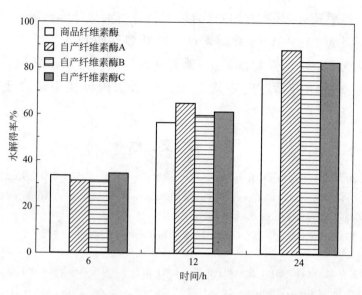

图 3.19　自产纤维素酶（6h＋6h＋12h）分段水解蒸汽爆破玉米秸秆

一、二和三段的水解得率分别为 33.6％、23.1％和 19.4％，24h 的水解得率为 76.1％；以蒸汽爆破玉米秸秆为碳源的自产纤维素酶 A 第一、二和三段的水解得率分别为 31.8％、33.3％和 23.5％，24h 的水解得率为 88.6％，与商品纤维素酶 24h 的水解得率相比，提高了 16％。以纸浆和稀酸预处理玉米秸秆为碳源的自产纤维素酶 B、C，24h 的水解得率分别为 83.6％和 83.3％。在添加酶的分段（6h＋6h＋12h）酶水解过程中，无论是自产纤维素酶还是商品纤维素酶的水解效率均高于一段酶水解。商品纤维素酶一段水解蒸汽爆破玉米秸秆的 48h 水解得率为 58.8％，而添加酶的分段（6h＋6h＋12h）水解 24h 得率为 76.1％，比一段水解提高了 30％，水解时间缩短了 24h；以蒸汽爆破玉米秸秆为碳源诱导的自产纤维素酶 A 的一段 48h 水解得率为 76.2％，添加酶的分段（6h＋6h＋12h）水解得率为 88.6％，比一段水解提高了 16％，水解时间缩短了 24h。

欧阳嘉[44]在里氏木霉纤维素酶用量 25FP IU/g 绝干底物，底物质量浓度 50g/L，酶解温度 50℃，转速 150r/min 的条件下，比较了以蒸汽爆破玉米秸秆为碳源的纤维素酶和商品纤维素酶（Sigma 公司）水解蒸汽爆破玉米秸秆的活性，结果表明汽爆酶 48h 的纤维素水解得率为 91.1％，商品酶 48h 的纤维素水解得率为 84.4％，他们认为汽爆酶的滤纸酶活与 CMC 酶活及纤维二糖酶活比值为 1∶0.97∶0.07，这一酶系结构较为合理。尹宗美[45]比较了商品纤维素酶与自产纤维素酶对稀酸预处理玉米秸秆的水解效果，自产纤维素酶为以稀酸预处理的玉米秸秆为碳源制备的木霉纤维素酶，10％的底物浓度，酶用量为 15FP IU/g 纤维素，自产纤维素酶和商品纤维素酶 48h 水解得率分别为 57.32％和 41.90％，他们认为造成两种酶水解效果差异的原因是纤维素酶是诱导酶，底物诱导下的酶系结构可能更适合于该底物的水解。

参 考 文 献

[1] 杨静. 木质纤维原料分段酶水解技术的研究 [D]. 南京：南京林业大学博士学位论文. 2010.

[2] Han S T，Yoo Y J，Kang HS. Charcterization of a bifunctional cellulase and its structural gene [J]. Journal of Biological Chemistry，1995，270（43）：26012-26019.

[3] 金士威，朱圣东，吴元欣，喻子牛. 木质纤维原料酶水解研究进展 [J]. 生物质化学工程，2006，40（3）：48-53.

[4] 欧阳嘉，董郑伟，谢喆，李鑫，宋向阳. 汽爆玉米秸秆渣诱导产纤维素酶及其水解特性 [J]. 南京林业大学学报（自然科学版），2009，33（4）：96-100.

[5] Chen M，Zhao J，Xia L M. Enzymatic hydrolysis of maize straw polysaccharides for the production of reducing sugars [J]. Carbohydrate Polymer，2008，71：411-415.

[6] Gregg D J，Saddler J N. Factors affecting cellulose hydrolysis and the potential of enzyme recycle to enhance the efficiency of an integrated wood to ethanol process [J]. Biotechnology and Bioengineering，1996，51：375-383.

[7] Ballesteros I，Oliva J M，Negro M J. Enzymic hydrolysis of steam exploded herbaceous agricultural waste（Brassica carinata）at different particule sizes [J]. Process Biochemistry，2002，38：187-192.

[8] Yang J，Zhang X P，Yong Q，Yu S Y. Three-stage enzymatic hydrolysis of steam-exploded corn stover at high substrate concentration [J]. Bioresource Technology，2011，102（7）：4905-4908.

[9] Mosier N，Wyman C，Dale B，Elander R，Lee Y Y，Holtzapple M，Ladisch M. Features of promising technologies for pretreatment of lignocellulosic biomass [J]. Bioresource Technology，2005，96：673-686.

[10] 陈育如，欧阳平凯. 蒸汽爆破预处理对植物纤维素性质的影响 [J]. 高校化学工程学报，1999，13（3）：234-239.

[11] Juhász T，Szengyel Z，Réczey K，Siika-Aho M，Viikari L. Characterization of cellulases and hemicellulases produced by Trichoderma reesei on various carbon sources [J]. Process Biochemistry，2005，40（11）：3519-3525.

[12] Zacchi G，Axelsson A. Economic evaluation of preconcentration in production of ethanol from dilute sugar solutions [J]. Biotechnology and Bioengineering，1989，34：223-233.

[13] 饶庆隆. 里氏木霉产纤维素酶碳源选择与条件优化 [D]. 南京：南京林业大学博士论文. 2008.

[14] 杨静，张晓萍，勇强，余世袁. 几种纤维素酶制剂水解和吸附性能的研究 [J]. 林产化学与工业. 2010，30（1）：27-32.

[15] 王燕云，吴凯，雷福厚，杨静. NaOH-Fenton 试剂预处理桑木的纤维素酶分段酶水解研究 [J]. 生物质化学工程，2016，4：31-36.

[16] 王燕云，杨静. 稀碱-芬顿试剂预处理对云南苦竹酶水解得率的影响 [J]. 生物质化学工程，2015，49

(5)：17-22.

[17] 吴凯，王燕云，应文俊，杨静. NaOH-Fenton 试剂预处理对巨龙竹材理化性质的影响 [J]. 西北林学院 学报，2017，32（3）：1-5.

[18] Highley T L，Murmanis L. Micromorphology of degradation in western and sweet gum by the brown-rot fungus Poria placenta [J]. International Journal of the Biology，Chemistry，Physics and Technology of Wood，1985，39：73-78.

[19] Arantes V，Jellison J，Goodell B. Peculiarities of brown-rot fungi and biochemical Fenton reaction with regard to their potential as a model for bioprocessing biomass [J]. Applied Microbiology and Biotechnology，2012，94：323-338.

[20] Halliwell G，Biochem J. Catalytic decomposition of cellulose under biological conditions [J]. Biochemical Journal，1965，95：35-40.

[21] Arantes V，Milagres A M F，Filley T R，Goodell B. Lignocellulosicpolysaccharides and lignin degradation by wood decay fungi：the relevance ofnonenzymatic Fenton-based reactions [J]. Journal of Industrial Microbiology & Biotechnology，2011，38：541-555.

[22] Rättö M，Ritschkoff A C，Viikari L. The effect of oxidative pretreatment on cellulosedegradation by Poria placenta and Trichoderma reesei cellulases [J]. Applied Microbiology and Biotechnology，1997，48：53-57.

[23] 陈雨露，黎钢，杨芳. 电-Fenton 法解聚纤维素的研究 [J]. 化学世界，2010，6：337-340.

[24] 王中旭，黎钢，杨芳. 2-乙基蒽醌修饰碳电极电芬顿法解聚纤维素 [J]. 可再生能源，2012，2：45-48.

[25] Arantes V，Jellison J，Goodell B. Peculiarities of brown-rot fungi and biochemical Fenton reaction with regard to their potential as a model for bioprocessing biomass [J]. Applied Microbiology and Biotechnology，2012，94：323-338.

[26] Hellström P，Heijnesson-Hultén A，Magnus P，Håkansson H. The effect of Fenton chemistry on the properties of microfibrillated cellulose [J]. Cellulose，2014，21(3)：1489-1503.

[27] Lai C H，Tu M B，Shi Z Q，Zheng K，Olmos L G，Yu S H. Contrasting effects of hardwood and softwood organosolv lignins on enzymatic hydrolysis of lignocellulose. Bioresoure Technology，2014，163：320-327.

[28] Tu M B，Pan X J，Saddler J N. Adsorption of cellulase on cellulolytic enzyme lignin from lodgepole pine. Journal of Agricultural and Food Chemistry. 2009，57（17）：7771-7778.

[29] Hogan C M，Mes-Hartree M. Recycle of cellulases and the use of lignocellulosic residue for enzyme production after hydrolysis of steam-pretreated aspenwood [J]. Journal of Industrial Microbiology and Biotechnology，1990，6：253-262.

[30] Steele B，Raj S，Nghiem J，Stowers M. Enzyme recovery and recycling following hydrolysis of ammonia fiber explosion-treated corn stover [J]. Applied Biochemistry and Biotechnology，2005：121-124，901-910.

[31] 王丹. 植物纤维资源生物转化制取乙醇过程模型及模拟 [D]. 南京：南京林业大学博士论文，2003.

[32] Lu Y，Yang B，Gregg D，Saddler J N，Mansfield S D. Cellulase adsorption and an evaluation of enzyme recycle during hydrolysis of steam-exploded softwood residues [J]. Applied Biochemistry and Biotechnology，2002，（98-100）：641-654.

[33] Yang J，Zhang X P，Yong Q，Yu SY. Three-stage hydrolysis to enhance enzymatic saccharification of

steam-exploded corn stover [J]. Bioresource Technology，2010，101（13）：4930-4935.

[34] Tu M B. Enzymatic hydrolysis of lignocelluloses cellulose enzyme adsorption and recycle [M]. Doctor paper in the University of British Columbia. 2006.

[35] Sewalt V J H，Glasse，W G，Beauchemin K A. Lignin Impact on fiber degradation. 3. reversal of inhibition of enzymatic hydrolysis by chemical modification of lignin and by additives [J]. Journal of Agricultural and Food Chemistry，1997，45：1823-1828.

[36] Xiao Z Z，Zhang X，Gregg D J. Effects of sugar inhibition on celluloses and beta-glucosidase during enzymatic hydrolysis of softwood substrates [J]. Applied Biochemistry and Biotechnology，2004，113-116：1115-1126.

[37] Tomme P，Van Tilbeurgh H，Peterson G. Studies of the cellulolytic system of Trichoderma reesei Qm9414-analysis of domain function in 2 cellobiohydrolases by limited proteolysis [J]. European Journal of Biochemistry，1988，170（3）：575-581.

[38] Xu J，Chen H Z. A novel stepwise recovery strategy of cellulase adsorbed to the residual substrate after hydrolysis of steam exploded wheat straw [J]. Applied Biochemistry and Biotechnology，2007，143：93-100.

[39] Knutsen J S，Davis R H. Cellulase Retention and Sugar Removal by Membrane Ultrafiltration During Lignocellulosic Biomass Hydrolysis [J]. Applied Biochemistry and Biotechnology，2004，113-116：585-598.

[40] 王燕云，吴凯，杨静. 蒸汽爆破玉米秸秆的分段酶水解 [J]. 林产化学与工业，2016，5：8-14.

[41] 赵越，武彬，阎伯旭，高培基. 纤维二糖抑制外切纤维素酶水解作用机理的分析 [J]. 中国科学，2003，33（5）：454-460.

[42] Lee D，Yu A H C，Sadler J N. Evaluation of cellulase recycling strategies for the hydrolysis of lignocellulosic substrates [J]. Biotechnology and Bioengineering，1995，45（4）：328-336.

[43] Palonen H，Tjerneld F，Zacchi G，Tenkanen M. Adsorption of Trichoderma reesei CBH Ⅰ and EG Ⅱ and their catalytic domains on steam pretreated softwood and isolated lignin [J]. Journal of Biotechnology，2004，107（1），65-72.

[44] 欧阳嘉，董郑伟，谢喆，李鑫，宋向阳. 汽爆玉米秸秆渣诱导产纤维素酶及其水解特性 [J]. 南京林业大学学报（自然科学版），2009，33（4）：96-100.

[45] 尹宗美. 玉米秸秆纤维素酶水解的研究 [D]. 南京：南京林业大学硕士学位论文，2009.

第4章

木质素对木质纤维生物质酶糖化过程的影响

4.1 引言

木质素是以苯丙烷为基本结构单元,彼此通过碳-碳键、醚键连接而成,具有三维空间结构的高聚物。由于木质素大分子的三维网状空间结构形成了巨大的位阻效应,纤维素酶很难接触到纤维素进行酶解反应[1,2]。此外,木质素通过氧键与共价键的相互作用将碳水化合物包裹于其中,生成木质素-碳水化合物复合物(lignin-carbohydrate complex,LCC)[3],形成致密的结构,进一步增加了木质纤维生物质的异质性和结构复杂性[4,5]。木质纤维生物质如此复杂的"天然抗降解屏障"(recalcitrance)大大阻碍了纤维素酶和纤维素的接触,降低纤维素的酶降解效率,最终影响整个生物转化过程的成本。

中国是世界竹类资源最丰富的国家,拥有40多属、500多种竹类资源,种质资源十分丰富,中国竹林面积达484.3万公顷,居世界第一位,竹林面积占国土面积0.5%,占森林面积2.8%[6]。在我国,竹子被认为是最具发展潜力的林业生物质资源之一,以云南大型丛生竹为原料,从不同预处理方式的竹材中分离出木质素,研究了几种分离木质素对纤维素酶的吸附以及微晶纤维素酶水解的影响;采用现代仪器分析手段研究了木质素表面特性和结构对纤维素酶解效率和纤维素酶蛋白与纤维底物之间吸附性能的影响。

4.2 木质素制备

巨龙竹和苦竹为3年生竹材,分别采自云南省临沧市沧源县和普洱市景谷县；微晶纤维素（Avicel PH-101），购自 Sigma 公司。纤维素酶（UTA-8）来自湖南尤特尔生化有限公司，滤纸酶活 100FP IU/mL，β-葡萄糖苷酶酶活为 72IU/mL，用于纤维素水解；纤维素酶（C2730），来源于里氏木霉（ATCC 26921），购自 Sigma 公司，滤纸酶活为 128FP IU/mL，β-葡萄糖苷酶酶活为 27IU/mL，用于纤维素酶吸附。

乙醇木质素制备[7,8]：将苦竹与 75％乙醇混合，固液比 1∶7(g/mL)，加入 98％硫酸 0.102g。将混合液装入 1L 的水热反应器中，在 170℃下反应 1h。反应结束后，迅速冷却反应器，取出反应后的混合物，过滤，滤液中加入 3 倍的水，将醇溶木质素沉淀，过滤，即得到苦竹乙醇木质素。

磨木木质素制备[9,10]：将甲苯-乙醇（2∶1）处理过的苦竹原料，球磨 8h，球磨后的样品用 96％二氧六环常温避光抽提 48h，固液比为 1∶20(g/mL)，过滤，调节 pH 值，将滤液减压浓缩至 30mL，将浓缩后的滤液逐滴加入到 3 倍的 95％乙醇溶液中沉淀，离心分离半纤维素。将离心后的滤液减压浓缩，加入 10 倍酸水（pH＝2.0），离心，冷冻干燥固体，即得磨木木质素。

碱木质素聚乙氧基接枝共聚物制备：碱木质素（AL）和聚乙二醇二缩水甘油醚（PEGDE）按 1∶2 的比例，溶解在 1mol/L 的氢氧化钠溶液中，于 80℃下搅拌 2h[11]；调节 pH 至 2.0，并沉淀除去未改性的木质素。超滤（截流分子量 5ku）上清液以除去游离 PEGDE，回收碱木质素-聚乙氧基接枝共聚物（AL-PEGDE），冷冻干燥。

4.3　分离木质素对纤维素酶糖化效率的影响

巨龙竹和苦竹具有生长速度快、主要成分含量与针叶材相媲美等特点，被认为是极具开发利用价值的大型工业用丛生竹种。巨龙竹和苦竹经乙醇和球磨仪处理得乙醇木质素（EOL）和磨木木质素（MWL），主要化学成分如表 4.1 所示。在微晶纤维素 Avicel 酶水解过程中添加两种分离木质素，通过酶糖化效率的差异来判断木质素对酶水解反应的影响（图 4.1）。

从表 4.1 可得出，苦竹含纤维素 41.2％、木聚糖 22.3％、木质素 29.2％；巨龙竹含纤维素 45.2％、木聚糖 16.5％、木质素 30.1％。经乙醇和球磨处理后得到 EOL 和 MWL，其中 MWL 中的木质素含量分别为 89.1％和 88.4％，EOL 中的木质素含量分别为 93.7％和 92.9％，葡聚糖含

表 4.1　两种竹材、乙醇木质素和磨木木质素化学组成含量

样品	葡聚糖/%	木聚糖/%	酸不溶木质素/%	酸溶木质素/%
苦竹(P. amarus)	41.2±1.0	22.3±1.0	29.2±0.7	1.1±0.2
巨龙竹(D. sinicus)	45.2±1.2	16.5±0.9	30.1±0.3	1.9±0.6
苦竹乙醇木质素(EOL-P. amarus)	1.3±0.1	—	93.7±0.9	1.3±0.3
巨龙竹乙醇木质素(EOL-D. sinicus)	1.3±0.3	—	92.9±1.2	1.0±0.8
苦竹磨木木质素(MWL-P. amarus)	7.4±0.7	—	89.1±0.8	1.1±0.5
巨龙竹磨木木质素(MWL-D. sinicus)	8.5±0.4	—	88.4±0.5	0.9±0.4

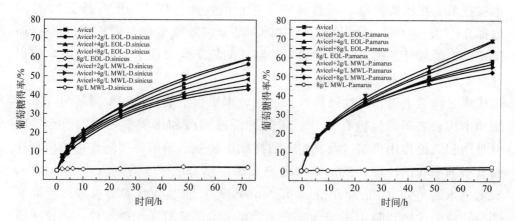

图 4.1　分离木质素对纤维素 Avicel 的酶糖化效率的影响

量均小于 8%，无木聚糖和乙醇抽出物。MWL 是采用深度球磨和溶剂萃取
（二氧六环）分离出的木质素，这种木质素在结构上与原本木质素相近，被
广泛用为原本木质素的模型物来研究木质素的结构。由表 4.1 也可以看出，
乙醇木质素和磨木木质素中葡聚糖含量较少，无木聚糖和乙醇抽出物，但木
质素含量均在 90% 左右，具有较高的纯度，可作为木质素的模型物用于研
究木质素结构对纤维素酶吸附和水解研究。

　　以磨木木质素（MWL）和乙醇木质素（EOL）作为模型物，研究了木
质素对纤维素酶水解的影响。由图 4.1 可知，两种竹材磨木木质素的添加抑
制了纤维素的酶降解，而乙醇木质素的添加增加了纤维素的酶糖化效率。在
巨龙竹磨木木质素和 Avicel 体系中，当 MWL 的浓度为 0、2g/L、4g/L 和
8g/L 时，72h 葡萄糖得率分别为 51.3%、48.6%、45.3% 和 43.4%；在苦
竹磨木木质素和 Avicel 体系中，随着 MWL 的添加浓度从 0g/L 增加到 8g/L，
72h 葡萄糖得率从 51.3% 降低至 46.1%，葡萄糖得率降低了 10%。木质素
一直被认为是纤维素酶糖化的抑制剂，它会以"空间障碍"和"酶无效吸
附"方式影响纤维素的糖化，即木质素除了通过物理阻碍作用限制纤维素酶

在纤维素上的可及性之外，还会由于纤维素酶在木质素上的无效吸附而减小木质纤维生物质的酶解效率。纤维素酶在木质素上发生无效吸附的作用主要有疏水作用、静电作用和氢键作用[12~14]。疏水作用被认为是纤维素酶和木质素之间发生吸附的主要驱动力。当纤维素酶在水中溶解之后，纤维素酶的疏水基团在水溶液中伸展，使得具有疏水性的纤维素酶和固体表面（木质纤维生物质）就会因为疏水作用而吸附在一起。并且有研究显示木质素的接触角比纤维素的接触角要小，说明木质素的疏水性比纤维素要强[12]。其次，木质纤维生物质的酶解在酸性条件下进行的，而一般所用的纤维素酶的 pI 值都介于 3.5~9.5，所以酶解液中会有部分的纤维素酶是带正电的[13]；而木质素上的酸性基团（如羧基和酚羟基）的离子化会使木质素带负电，使得纤维素酶和木质素之间存在静电吸引力，发生无效吸附。此外，纤维素酶和木质素之间的氢键作用也已经被报道过，木质素上的羧基和酚羟基与纤维素酶和木质素之间的氢键有关[14]。但是，纤维素酶和木质素之间的疏水、静电吸附和氢键作用机制以及其对木质纤维生物质的酶解的抑制作用的机理还没有得到确切的验证。Sun 等[15]研究发现，缩合的紫丁香基（syringyl，S）和愈创木酚单元（guaiacyl phenolic units，G）能对纤维素酶水解产生联合抑制效应，这主要是由于缩合的芳环增加了木质素分子的疏水性，而紫丁香基和愈创木酚单元提高了木质素的氢键结合力，因此对木质纤维生物质的酶水解过程产生了协同抑制作用。Yang[16]等人均发现预处理物料中残留的木质素分子中酚羟基含量和缩合程度越高，对纤维素酶的非特异性吸附越大，木质素分子中带负电的羧基基团增多可减少纤维素酶在木质素上的非特异性吸附。

然而，从图 4.1 还可以看出，当微晶纤维素中加入 2g/L、4g/L 和 8g/L 苦竹乙醇木质素（EOL-P.amarus）时，葡萄糖得率分别为 56.1%，60.6%，61.1%；与对照 Avicel 的葡萄糖得率 51.3% 相比，加入 8g/L EOL 后，72h 葡萄糖得率增加了 19%。在微晶纤维素 Avicel 中添加 0~8g/L 的巨龙竹乙醇木质素时，72h 的葡萄糖得率从 51.3% 增加到 59.5%，表明两种竹材乙醇木质素促进了纯纤维素的酶糖化效率。Lai[17]的研究表明在经有机溶剂预处理后的枫木和火炬松的酶水解过程中，加入 8g/L 的枫木有机溶剂木质素，使得枫木和火炬松的酶水解得率分别从 49.3% 和 41.2% 提高到 68.6% 和 60.8%，他们认为这种促进效应与纤维素酶在底物上的分布系数（R）相关，因为纤维素酶在木质素上的分布系数受木质素与纤维素酶间的疏水性、静电作用和氢键连接影响。Zhou[18]也指出磺酸盐木质素能够显著提高木质纤维生物质的酶水解效率，他们认为磺酸盐木质素相当于表面活性剂，在酶水解过程中排斥纤维素酶的接近，使大量的纤维素酶聚集到纤维素附件，增加了纤维素周围的酶蛋白浓度，进而增加了酶水解得率。Pan[19]研究了木质素分子上的基团对纤维素酶水解反应的影响，表明木质素分子上的酚羟基为抑制官能团，水解过程中加入 10mmol/L 的酚羟基的水解得率比相同计量的醇羟基的酶水解得率降低了 5%；而氧甲基对酶水解没有表现出明显的效应，他们认为在木质纤维生物质的酶水解过程中，木质素分子上的官能团对酶水解的影响强于木质素的非特异吸附和本身的屏障作用。竹材磨木木质素经过球磨、二氧六环抽提制得，而乙醇木质素为经乙醇萃取，溶解于乙醇溶液中的木质素。不同的预处理方式得到的木质素，化学结构及其表面化学性质也不同，这些变化将会影响到木质纤维生物质的酶解效率。

通过测定水解过程中上清液中的游离酶和固体残渣上的结合酶蛋白浓度，可考察磨木木质素对酶水解的抑制作用和乙醇木质素对酶水解的促进作用，是否与水解过程中纤维素酶蛋白在固液相中的分布有关。如图 4.2 所示，乙醇木质素的添加增加了上清液中的游离蛋白浓度，而磨木木质素的添加减少了上清液中的蛋白质浓度。对纯纤维素 Avicel 的水解，酶蛋白浓度在反应开始的最初 4h 内快速下降，但随着反应的进行，又慢慢脱附，在 24h 时，71% 的酶蛋白游离在上清液溶液中。而对添加了乙醇木质素的酶反应体系，EOL 的添加没有改变反应最初 4h 的蛋白浓度，但是使得 72h 时上清液中的蛋白质浓度增加到 74.2%，略高于纯纤维素 Avicel 水解体系中的游离蛋白浓度（71%）。此外，磨木木质素（MWL）的添加使反应最初 4h 的蛋白质浓度快速下降到 16.9%，但是 72h 时，上清液中的蛋白质浓度也没有超过 45%，远低于纯纤维素水解体系中的蛋白质浓度。以上数据说明，添加乙醇木质素到纯纤维素的酶水解过程中，并没有引起木质素对纤维素酶的非特异性吸附，反而增加了上清液中的纤维素酶蛋白浓度，也即纤维素周围的蛋白质浓度；而磨木木质素吸附了大量的酶蛋白，故上清液中的蛋白质浓度降低，说明 MWL 与酶蛋白发生了非生产性吸附，降低了纤维素周围的酶蛋白浓度。纤维素的降解与纤维素酶吸附、反应、解吸的动态过程密切相关，酶首先要吸附到纤维素分子上才能与之发生水解反应，反应结束后又要从纤维素分子上解吸下来，才能再次吸附到纤维素分子的其他部位并与之作用。有文献表明，纤维素酶的脱附率与纤维素的糖化效率呈现正相关性。

尽管通过预处理手段能打破木质纤维生物质的顽抗结构，但是不可能完全脱出木质素，从而使得酶解过程中木质素含量过高，造成对纤维素酶的非

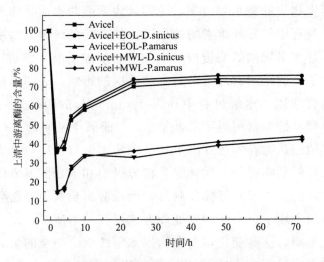

图 4.2　分离木质素和微晶纤维素水解体系中纤维素酶各组分的变化

生产性吸附。此外，预处理在使基质中木质素的含量下降的同时，会对木质素的侧链基团及三维空间网络结构进行改造，改性木质素的同时也对木质纤维生物质的结构有一定的修饰。因此，近年来，国内外对木质纤维生物质预处理和酶水解的研究已不仅仅停留在如何去除大量的木质素来改善酶水解的效率上，而是希望通过理解预处理过程中的木质素的解离机制、规律和结构特征，合理调控和利用木质素分子使其成为后续酶水解效率的增效因子。

4.4　分离木质素对纤维素酶的吸附动力学

以微晶纤维素 Avicel、两种竹材磨木木质素（MWL）和乙醇木质素（EOL）为底物，酶用量 10FP IU/g 纤维素，在 pH 值 4.8、4℃、150r/min 条件下反应 3h。用 Langmuir 等温吸附方程拟合不同底物对纤维素酶的吸附性能[20,21]，方程如下所示：$\Gamma = KC\Gamma_{max}/(1+Kc)$，其中，$\Gamma_{max}$ 和 K 值可由 Langmuir 线性方程拟合得出，分配系数 $R = \Gamma_{max} \times K$。式中：$c$ 为上清液中的游离酶浓度，mg/mL；Γ 为底物上结合酶的浓度，mg/g；Γ_{max} 为纤维素酶在底物上的饱和吸附量，mg/g；K 为 Langmuir 常数，表示纤维素酶的亲和力。

微晶纤维素 Avicel 与分离木质素的吸附动力学曲线和 Langmuir 吸附等温线参数如图 4.3 和表 4.2 所示。从图 4.3 可以看出，纤维素酶在磨木木质素（MWL）等温吸附曲线上的斜率大于乙醇木质素（EOL），意味着纤维素酶与 MWL 间的亲和力大于纤维素酶与 EOL 间的亲和力。纤维素酶在微

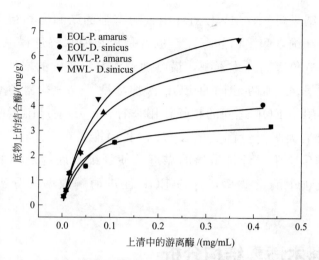

图 4.3　两种竹材乙醇木质素和磨木木质素与纤维素酶蛋白的等温吸附曲线

晶纤维素 Avicel、EOL 和 MWL 上的最大吸附量 Γ_{max} 分别为 28.2mg/g，3.4mg/g 和 6.6mg/g，纤维素酶在 MWL 上的最大吸附量为 EOL 的 1.96 倍，表明 MWL 上有更多的纤维素酶吸附位点。此外，从表 4.2 可知，纤维素酶在 Avicel、EOL 和 MWL 上的 Langmuir 常数 K 分别为 16.7mL/mg，12.0mL/mg 和 14.1mL/mg。Langmuir 常数 K 表示纤维素酶与底物之间的相对亲和力，意味着在木质纤维生物质的酶水解过程中，不仅纤维素与纤维素酶之间有亲和力，木质素与纤维素酶之间也有强的结合力；并且由以上数据可知，纤维素酶与 MWL 之间的亲和力是 EOL 的 1.16 倍。因此，在酶水解过程中，木质素将会与纤维素竞争吸附纤维素酶。Langmuir 方程中分配系数 R 为最大吸附量（Γ_{max}）与亲和常数（K）的乘积，用于估计纤维素酶与底物之间结合力的强弱。纤维素酶在 Avicel、MWL 和 EOL 上的分配系数 R 分别为 0.47mL/mg，0.04mL/mg 和 0.09mL/mg，并且纤维素酶与 MWL 之间的分配系数是 EOL 的 2.25 倍。由以上数据表明，与 MWL 相比较，EOL 与纤维素酶之间具有较低的亲和力和结合力，故对纤维素酶的最大吸附量也低于 MWL。

表 4.2　纤维素酶蛋白在不同底物上的 Langmuir 吸附等温曲线参数

底物	Γ_{max}/(mg/g)	K/(mL/mg)	R/(L/g)
微晶纤维素（Avicel）	28.2	16.7	0.47
苦竹乙醇木质素（EOL-P. amarus）	3.4	12.0	0.04
巨龙竹乙醇木质素（EOL-D. sinicus）	4.7	13.2	0.06
苦竹磨木木质素（MWL-P. amarus）	6.6	14.1	0.09
巨龙竹磨木木质素（MWL-D. sinicus）	8.3	11.6	0.1

从以上的结果可知，MWL 对纤维素酶有强的亲和力和结合力，故在其表面有较多的纤维素酶蛋白的存在，也就是说在酶水解过程中，MWL 的添加，与纤维素竞争吸附纤维素酶，最终随着 MWL 浓度的增加，酶水解效率的抑制作用增强。然而在相同的 EOL 添加浓度下，葡萄糖得率是逐渐增加的，从纤维素酶与 EOL 之间的相互作用来看，EOL 对纤维素酶的亲和力和结合力，以及最大吸附量都低于 MWL，我们推测在 EOL 上可能存在一些基团，能够排斥、阻止纤维素酶的靠近，使纤维素底物周围的酶蛋白浓度增加，进而促进了酶解效率，这与 EOL 促进酶解效率的分析结果相一致（图 4.1）。

4.5　分离木质素结构分析

4.5.1　傅里叶红外光谱（FTIR）分析

利用 Tensor 27 型红外吸收光谱仪（Nicolet，Madison，WI）对两种竹材磨木木质素（MWL）和苦竹乙醇木质素（EOL）的结构进行了分析，研究分离木质素结构对酶水解和酶吸附的影响，结果如图 4.4（苦竹）和图 4.5（巨龙竹）所示。从图中可以看出，除吸收强度有差异外，两种竹材分离木质素的红外光谱非常相似，具有诸多结构共性。在 $1602cm^{-1}$、$1512cm^{-1}$ 和 $1421cm^{-1}$ 处的吸收峰为木质素苯环骨架振动的特征吸收峰[22]，说明在 MWL 和 EOL 中木质素特有的苯环结构的存在；$1456cm^{-1}$ 处的吸收峰为与苯环相连的 C—H 变形振动。$1331cm^{-1}$、$1269cm^{-1}$ 处的吸收峰分别由紫丁香基和愈创木基的苯环伸缩振动引起。$1124cm^{-1}$、$835cm^{-1}$ 处的两个峰以及 $1152cm^{-1}$ 处的肩峰表明竹材木质素属于典型的禾草类木质素（GSH型）[23]，其大分子由对羟基苯丙烷、愈创木基丙烷和紫丁香基丙烷三种基本结构单元组成。以上结果表明，两种竹材的分离木质素作为木质素模型物，均具有木质素基本的苯基丙烷结构。

对于两种竹材的分离木质素，从图 4.4 和图 4.5 均可以看出，$3448cm^{-1}$ 处的吸收峰来源于芳香族和脂肪族—OH 的 O—H 伸展振动强度[24,25]，乙醇木质素＞磨木木质素＞竹材原料，说明经球磨或有机溶剂萃取后，竹材原料中的碳水化合物与木质素间的 LCC 结构被打开，释放出更多的羟基；并且 EOL 较 MWL 具有更多的亲水性羟基。EOL 在 $2945cm^{-1}$、

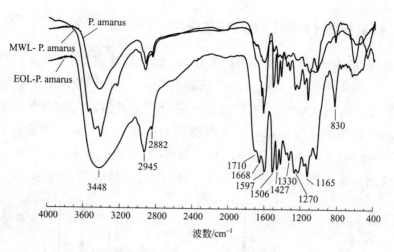

图 4.4　苦竹、苦竹乙醇木质素和磨木木质素红外吸收光谱图

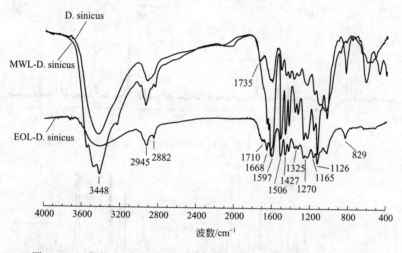

图 4.5　巨龙竹、巨龙竹乙醇木质素和磨木木质素红外吸收光谱图

$2850cm^{-1}$ 处的甲基和亚甲基的 C—H 伸缩振动强度大于 MWL 和竹材原料，主要是因为 EOL 为竹材原料经 $170℃$ 处理 1h 后，醇溶解木质素，在此过程中更多的木质素单体间醚键被断开。此外，在 $1713cm^{-1}$ 处的吸收峰来源于木质素非共轭酮基、羧基及酯键的 C＝O 振动，$1657cm^{-1}$ 处的吸收峰是木质素中共轭羧基伸缩振动，EOL 的强度大于 MWL，表明亲水性基团羧基的存在。羧基等亲水基团带负电性，纤维素酶也带负电性，且乙醇木质素比磨木木质素有更多的亲水基团，阻断了其与纤维素酶蛋白疏水性氨基酸的结合，导致纤维素周围酶浓度增加，更多的纤维素酶吸附到纤维底物上，促进纤维素酶的水解，这与纤维素酶吸附和酶水解的结果相符合。

4.5.2 核磁共振（NMR）和 2D 核磁共振谱分析

用来研究木质素结构的核磁共振谱，主要有 1H-NMR、13C-NMR、2D13C-1H NMR 和 31P-NMR 等。13C 核磁共振是一种检测木质素碳骨架结构的有效手段，可用来确定木质素的基本成分，芳基醚键，缩合和非缩合的结构单元，甲氧基单元等信息，能全面提供木质素大分子的整体结构信息。分离木质素以氘代 DMSO 为溶剂，利用布鲁克 400M 超导核磁共振仪进行分析，13C 核磁共振谱图如图 4.6（苦竹）和图 4.7（巨龙竹）所示。

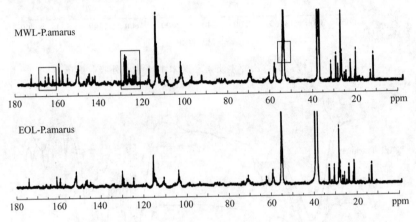

图 4.6　苦竹乙醇木质素和磨木木质素 13C 核磁共振谱图

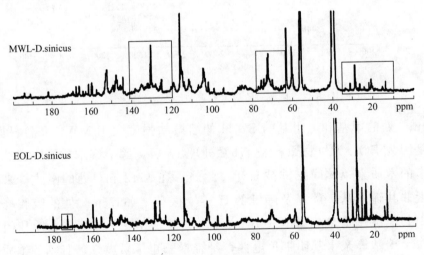

图 4.7　巨龙竹乙醇木质素和磨木木质素 13C 核磁共振谱图

从图 4.6 和图 4.7 中可以看出，两种竹材的 EOL 和 MWL 中碳水化合物信号（90～102ppm）几乎不能检测到，说明了这两种木质素中的糖含量较低，这与两种竹材分离木质素的化学成分分析（表 4.1）中葡聚糖和木聚糖含量小于 8% 是一致的，因此其可作为模型物来分析结构对酶水解和酶吸附的影响。木质素 ^{13}C 核磁图谱的芳环区分为三个区域，160~140ppm 为氧化的芳基碳区域，140~123ppm 为芳环碳-碳区域，123~103ppm 为芳环亚甲基碳[26,27]。与 MWL 相比较，EOL 的氧化碳、芳环的碳-碳键和芳环的亚甲基碳信号强度均降低，表明经乙醇预处理后，β-β，β-5 键含量降低，即原本木质素中的 β-β，β-5 键发生了断裂，或者说在乙醇预处理过程中 β 碳上无 β-β，β-5 碳-碳凝缩单元形成。EOL 来源于乙醇预处理竹材后，溶解于乙醇中的木质素，从图中可以看出，在这一过程中，原本木质素在 β 碳上的烷醚键或芳醚键断裂，并且断裂后的小分子片段没有继续缩合，因此在醇溶木质素中凝缩单元少于 MWL。研究已经表明木质素结构中凝缩单元含量高，将增加木质素分子的疏水性能，终将增加木质素对纤维素酶蛋白疏水性氨基酸的吸附，导致酶水解效率降低[28]。

木质素各单元间的连接键的信号峰出现在 50~90ppm 区域，β-O-4′ 信号出现在 72.3ppm 和 60.2ppm，β-β 位于 71.9ppm，β-5 在 62.8ppm[26,27]。正如图 4.6 和图 4.7 所示，EOL 在此区域的信号峰强度大于 MWL，表明在乙醇预处理过程中，木质素的 β-O-4′ 断裂，大分子碎片化，并且碎片化的小分子发生缩合反应的概率较小。这与 Hallac 和 Sannigrahi 的结果是一致的，他们认为在乙醇预处理中，β-O-4′ 断裂导致了木质素大分子碎片化[29,30]。β-O-4′ 断裂后，引入了大量的亲水性基团羟基，这与 EOL 在 FTIR（图 4.4 和图 4.5）中 3448cm^{-1} 处的羟基的 C—H 振动吸收峰的强度大于 MWL 是一致的。此外，56.35ppm 为甲氧基的信号峰，说明球磨过程中甲基芳醚键没有断裂。研究表明木质素分子与纤维素酶之间的疏水相互作用导致了他们之间的非特异吸附现象[31,32]。木质素分子上亲水基团的增加，意味着木质素分子亲水性能增强，会对纤维素酶产生排斥作用，导致纤维素周围纤维素酶的浓度的增加，因此 EOL 对纤维素酶的亲和力和最大吸附量均小于 MWL，这与酶吸附和酶水解的分析结果相吻合。

二维 HSQC 核磁共振（异核单量子碳氢相关谱）目前已经发展成为一种定性和定量研究木质素单元的强大工具。它主要是能够提供碳氢直接相关的结构信息。对木质素来讲，它不仅提供了 S、G 和 H 以及其他芳环物质的信息，而且给出了足够的分辨率来区分木质素二聚体之间的键合信息。分离木质素样品的二维谱图可以被划分为三个区域[33,34]，即侧链区（10~40/0.5~2.5ppm，右上角）、连接键区域（50~95/2.5~6.0ppm，中间）、芳环区域（95～150/5.5～8.0ppm，左下角），如图4.8（苦竹）和图4.9（巨龙竹）所示，主要基本连接结构及结构单元见图4.10。

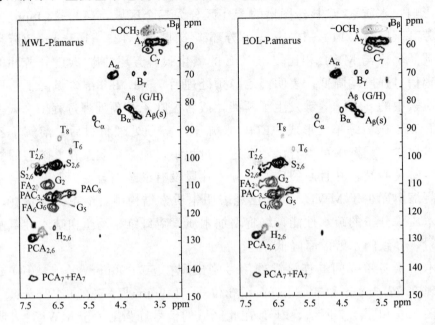

图 4.8　苦竹磨木木质素（MWL）和乙醇木质素（EOL）
在 DMSO 中的二维碳氢相关核磁图谱

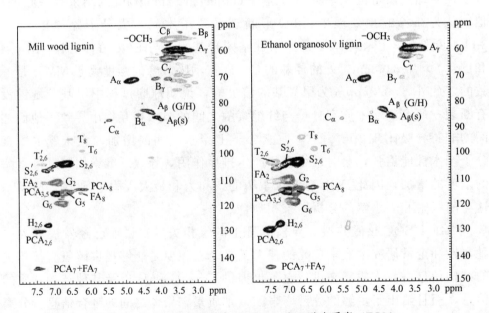

图 4.9　巨龙竹磨木木质素（MWL）和乙醇木质素（EOL）
在 DMSO 中的二维碳氢相关核磁图谱

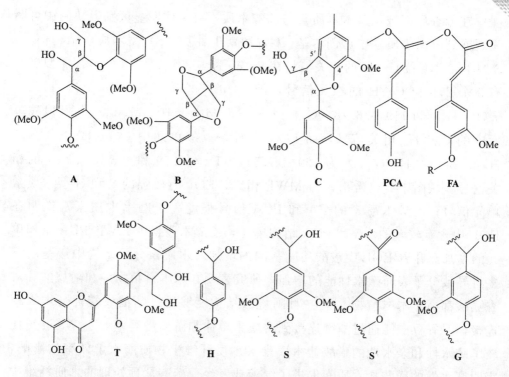

图 4.10　分离木质素二维碳氢相关核磁图谱中侧链区及芳香环区主要连接结构及结构单元

A：β-O-4′醚键结构；B：树脂醇结构，由 β-β′、α-O-γ′和 γ-O-α′连接而成；C：苯基香
豆满结构，由 β-5′和 α-O-4′连接而成；PCA：对香豆酸单元；FA：阿魏酸酯结构；T：麦黄酮与木质素
聚合物；H：对羟苯基结构；S：紫丁香基结构；S′：氧化紫丁香基结构，α位为酮基；G：愈创木基结构

从图 4.8 和图 4.9 中可以看出，连接键区提供了许多有关木质素基本单元之间连接方式（β-O-4′，β-β′，β-5′）和氧甲基—OCH₃（$\delta_C/\delta_H = 56.2/3.73$）的重要特征信号。与磨木木质素相比，乙醇木质素在 A_β（S 型 β-O-4′结构 β 位的相关信号，$\delta_C/\delta_H = 86.0/4.1$）、$A_\beta$（G 和 H 型 β-O-4′结构 β 位的相关信号，$\delta_C/\delta_H = 84.2/4.3$）和 A_γ（β-O-4′结构的 γ 位的 C—H 相关信号，$\delta_C/\delta_H = 59.4/3.62$）信号强度减弱，表明苦竹经乙醇预处理后，大部分木质素大分子之间的 β-O-4′键断裂。大量研究表明，木质素 β-O-4′键的断裂导致了乙醇预处理过程中木质素的溶解[29,30]。此外，乙醇木质素侧链区的 β-β′（树脂醇 B，$\delta_C/\delta_H = 54.9/3.1$）和 β-5′（苯基香豆满 C，$\delta_C/\delta_H = 71.5/3.8$）木质素结构在 HSQC 谱图中的信号密度没有变化，说明在乙醇预处理过程中，在 C_β 没有发生缩合反应。因此，β-O-4′的断裂导致乙醇木质素比磨木木质素有较多的游离羟基，并且乙醇木质素 C_β 缩合反应性的降低，促使乙醇木质素较磨木木质素有较高的亲水性能。

在芳香环区域，磨木木质素与乙醇木质素有一些明显区别，从图中可明显观察到分离木质素中愈创木基（G）和紫丁香基（S）型木质素结构信号。S 型单元 2,6 位 C—H 的相关信号在 δ_C/δ_H 为 103.8/6.71（$S_{2,6}$），G 型单元有 3 个 2,6 位 C—H 的相关信号，即 δ_C/δ_H 为 110.8/6.94（G_2），115.0/6.79（G_5）和 119.0/6.78（G_6）；FA_2（$\delta_C/\delta_H = 110.0/7.28$）为阿魏酸单元中的 C_2—H_2 相关信号，而 PCA 为对香豆酸单元中 $C_{2,6}$—$H_{2,6}$，$C_{3,5}$—$H_{3,5}$，和 C_8—H_8（δ_C/δ_H 为 129.8/7.51，115.4/6.79 和 115.4/6.30）的相关信号。从图中可以看出，与 MWL 相比，EOL 有较强的 S 和 G 型木质素单元信号；乙醇木质素的 FA 和 PCA 信号强度高于磨木木质素，说明在 EOL 中含有较多的 FA 和 PCA 结构单元，乙醇木质素中 FA 和 PCA 结构单元的增加意味着 EOL 中羧酸功能基团的增加，木质素分子结构中羧基的增多将导致分子表面亲水性能的增强。研究表明在禾本科植物中和阿魏酸和对香豆酸都高于木本植物[35]，并且阿魏酸结构能够通过酯键或醚键与木聚糖连接，对香豆酸能通过酯键连接到木质素单体和游离酚羟基[36]。Wang[31] 比较了疏水性和亲水性的磺酸盐木质素对木质纤维生物质酶水解效率的影响，表明亲水性的磺酸盐木质素促进了绿液或者经亚硫酸盐预处理的木质纤维生物质的酶水解效率，加入 0.3g 亲水性的磺酸盐木质素使经绿液处理的马尾松的酶水解得率从 42% 提高到 75%。Nakagame[13] 的研究表明随着酶解木质素，蒸汽爆破的木质素和有机溶剂木质素分子上的羧基的增加，纤维素酶水解得率也增加，他们认为羧基的存在能够减轻木质素与纤维素酶之间的非特异性吸附作用。

4.6 碱木质素-聚乙氧基接枝共聚物对纤维素酶糖化效率的影响

4.6.1 碱木质素-聚乙氧基接枝共聚物（PEGDE-AL）红外光谱分析

以碱木质素（AL）为底物进行聚乙二醇二缩水甘油醚接枝共聚反应，制备碱木质素聚乙氧基接枝共聚物（PEGDE-AL），改性前后的红外光谱如图 4.11 所示。从图中可以看出，在 $1602cm^{-1}$、$1512cm^{-1}$ 和 $1437cm^{-1}$ 处的吸收峰为木质素苯环骨架振动的特征吸收峰，说明在两个样品中均有木质素特有的苯环结构的存在[23]。碱木质素聚乙氧基接枝共聚后，木质素

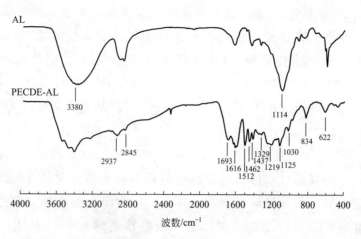

图 4.11　碱木质素（AL）和碱木质素聚乙氧基接枝共聚物（PEGDE-AL）的红外光谱图

2878cm^{-1}处甲基或亚甲基的 C—H 伸缩振动吸收显著；1114cm^{-1}处脂肪醚键的 C—O 伸缩振动吸收峰显著增强；934cm^{-1}处出现了一个新的吸收峰，归属为醚键的 C—O 伸缩振动。以上是聚乙氧基的特征吸收峰，与文献中报道的成功接枝聚乙氧基的红外谱图基本一致[37]，说明该碱木质素聚乙氧基接枝共聚改性成功。

4.6.2　碱木质素-聚乙氧基接枝共聚物（PEGDE-AL）表面特征分析

采用 X 射线光电子能谱（XPS）分析了碱木质素（AL）和碱木质素聚乙氧基接枝共聚物（PEGDE-AL）表面的元素组成及官能团含量的分布，利用 Zeta 电位滴定仪和接触角测量仪分别测定了样品的表面电荷和亲/疏水性能，结果如表 4.3 所示。

表 4.3　碱木质素（AL）和碱木质素聚乙氧基接枝共聚物（PEGDE-AL）的表面特性分析

样品	元素组成/%			表面化学键组成/%			Zeta 电位/mV	接触角/(°)
	C	O	O/C 比	C—C,C—H (284.6,eV)	C—O (286.6,eV)	C=O (289,eV)		
AL	78.14	21.86	0.28	56.57	39.65	3.78	35	148
PEGDE-AL	35.98	56.05	1.56	12.75	87.24	—	4.08	97.9

从表 4.3 可以看出，碱木质素经过聚乙氧基接枝共聚改性后，元素组成发生了较大的变化。碳元素的含量从 78.14％下降至 35.98％；氧元素的含量从 21.86％增加到 56.05％，增加了 1.56 倍，同样的，氧元素与碳元素的

比率也从 0.28 增加到 1.56。这主要是由于木质素基本单元之间碳-碳连接键的部分断裂以及乙氧基或醚键的引入造成的。其次，碱木质素（AL）和碱木质素聚乙氧基接枝共聚物（PEGDE-AL）的表面化学键组成也发生了变化，他们的 C 峰分为 284.6eV（C—H，C—C，C＝C），286.6eV（C—O，C—O—C）和 289eV（O—C＝O）三个峰[38,39]。从表中可知，C—H/C—C 键的含量从 56.75%（AL）下降至 12.75%（PEGDE-AL），而醇羟基含量（C—OH，286.6eV）从 39.65%（AL）增加至 87.24%（PEGDE-AL）。以上结果也证明了在聚乙氧基接枝共聚反应过程中，木质素单体之间的 C—C 键断裂，凝缩性单元的含量降低；氧元素和醚键含量显著增加，聚乙氧基被成功接枝于碱木质素上。此外，在其表面未能检测到 C＝O 基团，也表明了在 PEGDE-AL 的表面并没有形成羧基 C＝O，结果与 FTIR 是一致的。

　　Zeta 电位是粒子表面电荷的表征，正负表明粒子所带电荷电性，绝对值越高说明粒子表面所带电荷含量越高。在表 4.3 中 AL 和 PEGDE-AL 的 Zeta 电位分别为 35mV 和 4.08mV，说明 AL 的表面正电荷含量高于 PEGDE-AL。研究表明，纤维素酶具有电负性，当木质素的表面正电荷含量越高，对纤维素酶的静电吸引能力越强，从而增强对纤维素酶的无效吸附，降低纤维素酶水解得率[40]。从表 4.3 可知，碱木质素（AL）的接触角为 148°，当聚乙氧基被引入碱木质素结构中时，接触角降低到 97.9°，表明了聚乙氧基单体成功引入到碱木质素的表面后，PEGDE-AL 的疏水性能降低。刘晓欢[41]等人报道了木质素接触角越大，其疏水性能越强。此外，PEGDE-AL 疏水性能的降低与表面 C—C 官能团的降低和 C—O 官能团的增加也有较大的关系，C—C 键的降低表明木质素单体间的 C—C 连接的减少，木质素的凝缩性单元减少；而 C—O 键的增加表明木质素表面引入了亲水性官能团，故 PEGDE-AL 接触角减小，亲水性能增强。

4.6.3　聚乙氧基接枝共聚对木质素与纤维素酶蛋白结合力的影响

　　在木质纤维素酶水解过程中，纤维素酶不仅可吸附到纤维素上参与酶水解，也可被木质素吸附而造成纤维素酶的固定化或酶蛋白失活，利用 Langmuir 等温吸附方程拟合 AL 或 PEGDE-AL 与纤维素酶的结合能力。以微晶纤维素 Avicel、碱木质素（AL）和碱木质素聚乙氧基接枝共聚物（PEGDE-AL）为底物，酶用量 10FP IU/g 葡聚糖，在 pH 值 4.8、4℃、150r/min 条件下反应 3h 的吸附动力学曲线和 Langmuir 吸附等温线参数如

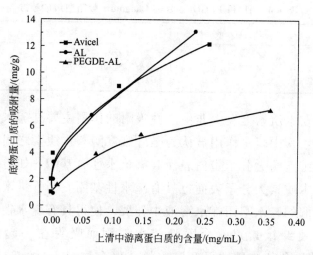

图 4.12　AL 和 PEGDE-AL 的 Langmuir 吸附等温线

图 4.12 和表 4.4 所示。

Langmuir 等温吸附方程中吸附常数（K）表征的是纤维素酶与底物的亲和力大小，K 值越大，表示底物与纤维素酶之间的亲和作用力越强。由图 4.12 和表 4.4 可知，微晶纤维素 Avicel Langmuir 吸附常数（K）为 16.7mL/mg，而 AL 和 PEGDE-AL 的 Langmuir 吸附常数（K）分别 18.8L/g 和 12.2L/g，说明 AL 与纤维素酶蛋白间的吸附亲和力大于 PEG-DE-AL 与纤维素酶蛋白之间的亲和力，也即 AL 对酶蛋白的非生产性吸附较 PEGDE-AL 严重。分配系数（R）表征纤维素酶蛋白与底物之间的结合力，分配系数越大，表示结合力越强。微晶纤维素对纤维素酶的分配系数为 0.204L/g，而 AL 和 PEGDE-AL 对纤维素酶的分配系数分别为 0.248L/g 和 0.106L/g，说明纤维素酶与碱木质素间的结合力大于纤维素酶与纤维素间的结合力，意味着木质素在酶水解过程中将和纤维素发生对酶蛋白的竞争吸附行为；其次，纤维素酶对 PEGDE-AL 的吸附结合力较纤维素酶与 AL 间的结合力降低了 57%，意味着在碱木质素接上聚乙氧基后，底物与酶蛋白间的结合力减弱。以上结果最终导致了纤维素酶在 AL 上的最大吸附量（$\varGamma_{max}$）为 13.17mg/g，与 Avicel（12.25mg/g）相比，增加了 7.5%；而 PEGDE-AL 的最大酶蛋白吸附量为 8.67mg/g 底物，比 AL 降低了 29%。因此，木质素经聚乙氧基接枝共聚改性后，减弱了纤维素酶与木质素间的结合力，也即减轻了木质素与酶蛋白之间的非生产性吸附作用。

表 4.4　AL 和 PEGDE-AL 的 Langmuir 吸附曲线的参数

底物	Γ_{max}/(mg/g)	K/(mL/mg)	R/(L/g)
Avicel	12.3	16.7	0.204
AL	13.2	18.8	0.248
PEGDE-AL	8.7	12.2	0.106

　　纤维素酶在木质素上发生非生产性吸附的作用主要有疏水作用、静电作用和氢键作用，其中疏水作用被认为是纤维素酶和木质素之间发生吸附的主要驱动力。纤维素酶大分子蛋白表面含有疏水性氨基酸，如色氨酸、苯丙氨酸和酪氨酸，木质素大分子表面也具有疏水性基团。当纤维素酶在水中溶解之后，纤维素酶的疏水基团在水溶液中伸展，使得具有疏水性的纤维素酶和固体表面（木质纤维素）就会因为疏水作用而吸附在一起。根据 AL 和 PEGDE-AL 接触角的测量结果，聚乙氧基聚合物引入后，碱木质素的接触角减小，亲水性能增强，因此我们观察到 PEGDE-AL 与酶蛋白之间的亲和力和结合力都降低了，导致纤维素酶在其上的吸附量减少。其次，木质纤维素的酶解在酸性条件下进行的，而一般所用的纤维素酶的等电点（pI）都介于 3.5～9.5，所以酶解液中会有部分的纤维素酶是带正电的[13]；而木质素上的酸性基团（如羧基和酚羟基）的离子化会使木质素带负电，使得纤维素酶和木质素之间存在静电吸引力，发生无效吸附。从研究结果可知，碱木质素上引入聚乙氧基聚合物后，底物表面正电荷的量从 35mV 降低到 4.08mV，说明 PEGDE-AL 与酶蛋白之间的静电吸引力减小。

4.6.4　碱木质素-聚乙氧基接枝共聚物（PEGDE-AL）对纤维素酶糖化及酶分布的影响

　　为了证明木质素与纤维素酶蛋白之间非生产性吸附的减弱能够提高纤维素酶的糖化效率，我们在底物质量浓度为 2% 的微晶纤维素酶水解反应中，添加 0.4g/L 碱木质素或不同浓度的碱木质素聚乙氧基接枝共聚物（PEGDE-AL），考察木质素对纤维素酶水解效率及酶分布的影响（图 4.13）。由图 4.13(a) 可知，纯纤维素 Avicel 72h 的酶水解得率为 57.4%，而在 Avicel 的纤维素酶水解过程中，添加了 0.4g/L 的 AL 后，72h 酶水解得率降低至 35.9%，降低了 60%，说明 AL 对纤维素酶水解过程起到抑制效应，也证明了木质素是纤维素酶水解的抑制剂，主要是因为在木质纤维素水解过程中，酶蛋白不可逆地吸附到木质素分子表面，失去继续作用于纤维素分子的机会，最终抑制酶反应的速率和酶水解效率。相反，分别添加

0.2g/L、0.4g/L 和 0.8g/L 的 PEGDE-AL 到 Avicel 的水解过程中，72h 纤维素酶水解得率明显增加，水解得率分别为 61.7％、54.8％和 53.3％；以相同添加量的碱木质素（0.4g/L）和 Avicel 水解体系相比，水解得率增加了 52.6％，说明 PEGDE-AL 对纤维素酶的非生产性吸附减弱，使得水解得率增加，接近以纯纤维素为底物的酶水解得率。此外，从图中我们还可以看出，当增加 PEGDE-AL 的添加量，PEGDE-AL 与纤维素的酶水解得率有微弱降低趋势，这可能是由于在高浓度的 PEGDE-AL 水解体系中，底物浓度与纤维素酶用量的比例不合适造成的。

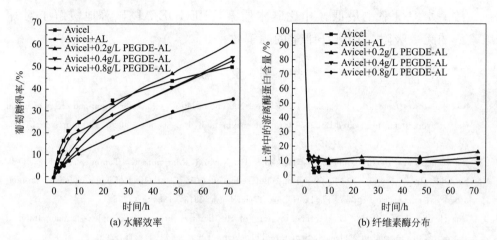

(a) 水解效率   (b) 纤维素酶分布

图 4.13   AL 和 PEGDE-AL 木质素对微晶纤维素酶水解效率（a）和纤维素酶分布（b）的影响

　　众所周知，纤维素酶在水解纤维素经历着"吸附—催化—解吸—再吸附"的动态平衡，纤维素是不可溶性底物，酶若要与之发生反应首先要与之接触，即吸附到纤维素分子上；反应结束后，酶又要从纤维素分子上及时解吸下来，以便吸附到纤维素分子上的另一个部位，继续催化下一个反应。图4.13(b) 为不同木质素和 Avicel 的水解体系中，纤维素酶在固液相中的分布情况，以此可以分析不同时间点纤维素酶蛋白在底物上的吸附和解吸情况。微晶纤维素 Avicel 酶水解时，纤维素酶蛋白快速地吸附到底物上，6h时底物达到纤维素酶的最大吸附量，上清液中游离酶为初始蛋白含量的5.5％。随着反应的进行，吸附于纤维素上的酶蛋白重新脱落回到上清液中，72h 游离酶含量为 12％。当把 AL 加入微晶纤维素的酶解反应中，6h 时游离酶蛋白从 5.5％下降到 2.5％；72h 游离酶含量从 12.0％下降至 3.2％，表明木质素与纤维素对纤维素酶蛋白产生竞争吸附，故上清液中游离酶含量降低。当加入 0.2g/L 的 PEGDE-AL 后，6h 时游离酶相比 AL（2.5％）上升至12％，72h游离酶含量从3.2％增加到15.8％，游离酶蛋白增加了3.9倍。继续增加水解体系中的PEGDE-AL浓度到0.4g/L和0.8g/L，6h游离酶含量分别为8.1％和9.4％，72h游离酶含量分别为8.2％和8.1％。以上结果也表明，当AL存在于酶解体系中，降低了72h时体系中游离酶的浓度，AL和纤维素竞争吸附纤维素酶蛋白；而在PEGDE-AL和微晶纤维素的酶解体系中，72h时游离酶蛋白的浓度增加，说明聚乙氧基接枝到碱木质素底物上后，能够减轻木质素与纤维素酶间的非生产性吸附。对比72h的酶解得率和上清液游离酶含量的结果，AL对纤维素酶的无效吸附能力最强，故酶水解得率也最低。相比碱木质素，PEGDE-AL显著地缓解了对纤维素酶的无效吸附，促进纤维素的酶解效率。

参 考 文 献

[1] Nakagame S, Chandra R P, Kadla J. F, Saddle J N. The isolation, characterization and effect of lignin isolated from steam pretreated Douglas-fir on the enzymatic hydrolysis of cellulose [J]. Bioresoure Technology, 2011, 102 (6), 4507-4517.

[2] Rahikainen J L, Martin-Sampedro R, Heikkinen H, Rovio S, Marjamaa K, Tamminen T, Rojas O J, Kruus K. Inhibitory effect of lignin during cellulose bioconversion: the effect of lignin chemistry on non-productive enzyme adsorption [J]. Bioresoure Technology, 2013, 133, 270-278.

[3] Shevchenko S M, Bailey G W. The mystery of the lignin-carbohydrate complex: a computational approach [J]. Journal of Molecular Structure-Theochem, 1996, 364 (2): 197-208.

[4] Jeffries T W. Biodegradation of lignin-carbohydrate complexes [J]. Biodegradation, 1990, 1 (2-3): 163-176.

[5] Iversen T. Lignin-carbohydrate bonds in a lignin-carbohydrate complex isolatedfrom spruce [J]. Wood Science Technology, 1985, 19 (3): 243-251.

[6] 张齐生. 竹类资源加工及利用前景无限 [J]. 中国林业产业, 2007 (3): 22-24.

[7] Lai C H, Tu M B, Li M, Yu S. Y. Remarkable solvent and extractable lignin effects on enzymatic digestibility of organosolv pretreated hardwood [J]. Bioresoure Technology, 2014, 156, 92-99.

[8] Wildschut J, Smit A T, Reith J H, Huijgen W J J. Ethanolbased organosolv fractionation of wheat straw for the production of lignin and enzymatically digestible cellulose [J]. Bioresoure Technology, 2013, 135, 58-66.

[9] 文甲龙. 生物质木质素结构解析及其预处理解离机制研究 [D]. 北京: 北京林业大学, 2014.

[10] 史正军. 甜龙竹及巨龙竹半纤维素、木质素结构诠释及相互间化学键合机制解析 [D]. 北京: 北京林业大学博士论文, 2013.

[11] Harumi H, Satoshi K, Tatsuhiko Y. Preparation and characterization of amphiphilic lignin derivatives as surfactants [J]. Journal of Wood Chemistry & Technology, 2008, 28 (4): 270-282.

[12] Lan T Q, Lou H M, Zhu J. Y. Enzymatic saccharification of lignocelluloses should be conducted at elevated pH 5.2~6.2 [J]. BioEnergy Research. 2013, 6, 476-485.

[13] Nakagame S, Chandra R P, Kadla J F, Saddler J N. Enhancing the enzymatic hydrolysis of lignocellu-

losic biomass by increasing the carboxylic acid content of the associated lignin [J]. Biotechnology and Bioengineering, 2011, 108, 538-548.

[14] Palonen H, Tjerneld F, Zacchi G, Tenkanen M. Adsorption of Trichoderma reesei CBH Ⅰ and EG Ⅱ and their catalytic domains on steam pretreated softwood and isolated lignin [J]. Journal of Biotechnology, 2004, 107, 65-72.

[15] Sun S L, Huang Y, Sun R C, Tu M B. The strong association of condensed phenolic moieties in isolated lignins with their inhibition of enzymatic hydrolysis [J]. Green Chemistry, 2016, 18, 4276-4286.

[16] Yang H T, Xie Y M, Zheng X, Pu Y Q, Huang F, Meng X Z, Wu W B, Ragauskas A, Yao L. Comparative study of lignin characteristics from wheat straw obtained by soda-AQ and kraft pretreatment and effect on the following enzymatic hydrolysis process [J]. Bioresoure Technology, 2016, 207, 361-369.

[17] Lai C H, Tu M B, Shi Z Q, Zheng K, Olmos L G., Yu S H. Contrasting effects of hardwood and softwood organosolv lignins on enzymatic hydrolysis of lignocellulose [J]. Bioresoure Technology, 2014, 163, 320-327.

[18] Zhou H F, Lou H M, Yang D J, Zhu J Y., Qiu X. Q. Lignosulfonate to enhance enzymatic saccharification of lignocelluloses: role of molecular weight and substrate lignin [J]. Industrial & Engineering Chemistry Research, 2013, 52, 8464-8470

[19] Pan, X. Role of functional groups in lignin inhibition of enzymatic hydrolysis of celluloseto glucose [J]. Journal of Biobased Materials and Bioenergy, 2008, 2 (1), 25-32.

[20] Lai C H, Tu M. B, Li M, Yu S Y. Remarkable solvent and extractable lignin effects on enzymatic digestibility of organosolv pretreated hardwood [J]. Bioresoure Technology, 2014, 156, 92-99.

[21] Li M, Tu, M B, Cao D. X, Bass P, Adhikari S. Distinct roles of residual xylan and lignin in limiting enzymatic hydrolysis of organosolv pretreated loblolly pine and sweetgum [J]. Journal of Agricultural and Food Chemistry, 2013, 61, 646-654.

[22] Nonaka H, Kobayashi A, Funaoka M. Behavior of ligninbinding cellulase in the presence of fresh cellulosic substrate [J]. Bioresoure Technoogyl, 2013, 135, 53-57.

[23] Guo F F, Shi W J, Sun W, Li X Z., Wang F F, Zhao J, Qu Y B. Differences in the adsorption of enzymes onto lignins from diverse types of lignocellulosic biomass and the underlying mechanism [J]. Biotechnology for Biofuels, 2014, 7, 38.

[24] Yang H, Zheng X, Yao L, Xie Y. Structural changes of lignin inthe soda-AQ pulping process studied using the carbon-13 tracer method [J]. BioResources, 2014, 9, 176-190.

[25] Kundu C D, Lee J W. Optimization conditions for oxalic acid pretreatment of deacetylated yellow poplar for ethanol production [J]. Journal of Industrial and Engineering Chemistry, 2015, 32, 298-304

[26] Yang H T, Xie Y M, Zheng X, Pu Y Q, Huang F, Meng X Z, Wu W B, Ragauskas A, Yao L. Comparative study of lignin characteristics from wheat straw obtained by soda-AQ and kraft pretreatment and effect on the following enzymatic hydrolysis process [J]. Bioresoure Technology, 2016, 207, 361-369.

[27] Sun S L, Wen J L, Li M F, Sun R. C. Revealing the structural inhomogeneity of lignins from sweet sorghum stem by successive alkali extractions [J]. Journal of Agricultural and Food Chemistry, 2013, 61 (18): 4226-4235.

[28] Yu H, Li X, Zhang W, Sun D, Jiang J, Liu Z. Hydrophilic pretreatment of furfural residues to im-

prove enzymatic hydrolysis [J]. Cellulose, 2015, 22 (3): 1675-1686.

[29] Hallac B B, Pu Y, Ragauskas A J. Chemical transformations of buddleja davidii lignin during ethanol organosolv pretreatment [J]. Energy & Fuels, 2010, 24 (4): 2723-2732.

[30] Sannigrahi P, Ragauskas A, Miller S. Lignin structural modifications resulting from ethanol organosolv treatment of Loblolly pine [J]. Energy & Fuels, 2010, 24 (1): 683-689.

[31] Wang W, Zhu Y, Du J, Yang Y, Jin Y. Influence of lignin addition on the enzymatic digestibility of pretreated lignocellulosic biomasses [J]. Bioresoure Technology, 2015, 181, 7-12.

[32] Li Y, Sun Z, Ge X, Zhang J. Effects of lignin and surfactant on adsorption and hydrolysis of cellulases on cellulose [J]. Biotechnology for Biofuels, 2016, 9 (1): 1-9.

[33] Wen J L, Xue B L, Xu F, Sun R C, Pinkert A. Unmasking the structural features and property of lignin from bamboo [J]. Industrial Crops and Products, 2013, 42, 332-343

[34] Wu K, Shi Z J, Yang H Y, Liao Z D, Yang J. Effect of ethanol organosolv lignin from bamboo on enzymatic hydrolysis of avicel [J]. ACS Sustainable Chemistry Engineer, 2017, 5 (2), 1721-1729.

[35] Ralph J, Grabber J H, Hatfield R D. Lignin-ferulate crosslinks in grasses: active incorporation of ferulate polysaccharide esters into ryegrass lignins [J]. Carbohydrate Research, 1995, 275, 167-178.

[36] Ralph J, Hatfield R D, Quideau S, Helm R F, Grabber J H, Jung H G. Pathway of p-coumaric acid incorporation into maize lignin as revealed by NMR [J]. Journal of the American Chemical Society, 1994, 116, 9448-9456.

[37] Chen C, Zhu M, Li M, Fan Y M, Sun R C. Epoxidation and etherification of alkaline lignin to prepare water-soluble derivatives and its performance in improvement of enzymatic hydrolysis efficiency [J]. Biotechnology for Biofuels, 2016, 9 (1): 87-101.

[38] Montplaisir D, Daneault C, Bruno C. Surface composition of grafted thermomechanical pulp through XPS measurement [J]. BioResources, 2008, 3 (4): 1118-1129.

[39] Popescu C M, Tibirna C M, Vasile C. XPS characterization of naturally aged wood [J]. Applied Surface Science, 2009, 256, 1355-1360.

[40] Wang Z, Zhu J Y, Fu Y, Qin M H, Shao Z Y, Jiang J G, Yang F. Lignosulfonate-mediated cellulase adsorption: enhanced enzymatic saccharification of lignocellulose through weakening nonproductive bindingto lignin [J]. Biotechnology for Biofuels, 2013, 6 (1): 156.

[41] 刘晓欢. 酶解木质素接枝共聚物的制备、结构与性能研究 [J]. 生物质化学工程, 2014, 48 (5): 60-65.

第5章

高底物浓度木质纤维生物质酶糖化技术

5.1 引言

传统的木质纤维生物质酶糖化在 10% 底物浓度下进行，如果葡萄糖得率达到 80%，发酵后的乙醇浓度不到 2%；而糖液发酵后的乙醇浓度只有达到 4%～5%，后续的乙醇分离过程才经济可行[1]。增加酶糖化过程的底物浓度，可以提高体系中糖浓度和乙醇得率，并且降低水解和发酵过程中的操作费用，减少后续乙醇分离的能量消耗和成本。当水解底物浓度从 5% 提高到 8% 时，每加仑燃料乙醇的成本将降低 20%[2,3]。但是当底物浓度超过 15% 时，无论是单独水解和发酵技术还是同步糖化发酵技术均未取得好的研究成果。主要是存在以下问题[4~9]：①高底物浓度导致高的传质和传热阻力；②高底物浓度带来高的发酵抑制物；③高底物浓度引起强烈的产物抑制。因此，平衡水解底物浓度与可发酵糖浓度之间的矛盾，建立高效利用纤维素酶各组分的酶解工艺及模式，已成为木质纤维原料糖化研究领域中亟待解决的问题。

以木质纤维生物质为原料，以缩短水解时间来降低酶水解过程费用的目的，采用不同预处理方式的底物和不同来源纤维素酶来证明高底物浓度下的分段酶水解技术的可行性，通过模拟纤维素与纤维素酶和木质素与纤维素酶之间的吸附现象，进一步阐述分段水解的机理，建立了一个合理、可行的高底物浓度下的分段酶水解模式，并使 β-葡萄糖苷酶能够被重复使用多次，为有效地降低木质纤维原料酶水解过程的成本奠定了基础。

5.2　原料预处理

玉米秸秆收集于内蒙古自治区呼和浩特市，其中含纤维素 37.2%、木聚糖 19.1%、木质素 21.6%、95%乙醇抽产物 5.9%、灰分 12.9%；桑木（Morus alba L.）收集于云南省大姚县，其中含纤维素 38.8%、木聚糖 20.7%、木质素 28.1%、95%乙醇抽产物 4.4%。

蒸汽爆破和稀酸预处理条件参见第 2 章 2.2 节。蒸汽爆破玉米秸秆含纤维素 45.1%、木聚糖 3.9%、木质素 23.2%；稀酸处理玉米秸秆含纤维素 60.1%、木聚糖 6.6%、木质素 25.2%。NaOH 预处理桑木条件参见第 3 章 3.2 节。NaOH 预处理桑木含纤维素 42.3%、木聚糖 16.9%、木质素 29.8%、95% 乙醇抽产物 4.6%。NaOH-Fenton 试剂预处理桑木条件参见第 3 章 3.2 节，其中含纤维素 54%、木聚糖 8.1%、木质素 30.4%、95% 乙醇抽产物 3.1%。

不同碳源制备的纤维素酶制备条件参见第 2 章 2.2 节，商品纤维素酶（Sigma 2730，滤纸酶活为 128.10FP IU/mL、β-葡萄糖苷酶酶活为 27IU/mL）。β-葡萄糖苷酶（β-葡萄糖苷酶酶活为 440IU/mL、滤纸酶活为 3.3FP IU/mL）；标准品（葡萄糖、纤维二塘、木糖），色谱纯；牛血清蛋白，分析纯。

5.3　高底物浓度的分段酶糖化蒸汽爆破玉米秸秆

5.3.1　不同底物浓度下纤维素酶一段式水解蒸汽爆破玉米秸秆

纤维素酶糖化反应发生前必须完成以下三个步骤：①酶在液体中的扩散；②酶从液体向底物表面的转移；③酶被纤维素吸附及酶-纤维素复合物的形成。较高的底物浓度将导致酶从液体向底物表面的转移困难，传质阻力增大，不利于酶和底物进行充分接触和酶-底物复合物的形成。研究表明，通过反应器设计和分批补料的方法可降低高底物浓度下水解反应中的传质阻力，而分批补料技术简单易行，能使水解反应的底物浓度达到 30% 以上[10,11]。Lu 采用分批添料的方式，纤维素酶水解 30% 底物浓度的蒸汽爆破玉米秸秆，水解体系没有发现传热和传质的困难[12]。同样底物和酶用量下分批添料比一次添料酶解得率高，主要是分批添加底物可减小反应过程中的底物浓度和传质阻力；其次通过底物的分批加入，可以减缓水解初期纤维二糖的生成速率，从而降低了水解反应中底物的实际浓度，相对增大了单位底物重量的酶用量；此外，最佳添料方式还与纤维素酶在反应过程中的吸附-脱附行为有关[13]。为了减轻水解反应初期的传热和传质阻力，采用分批补料的技术，初始底物浓度为 15%，底物充分液化后，再补加相应的绝干底物和酶液，这样保证了在水解初期，反应体系中有充分的游离水存在，降低了酶液与底物之间的传质阻力。

蒸汽爆破玉米秸秆在酶用量为 20FP IU/g 纤维素，起始底物浓度为15%，水解 3h、4h 和 5h 分别补加绝干底物 5%，使最终反应体系中底物浓度为 15%、20%、25% 和 30%。在 50℃、pH 值 4.8 和 150r/min 条件下经纤维素酶一段式水解 72h（作为对照），糖化得率与时间的关系如图 5.1 所示。在纤维素酶未分段（一段式）水解蒸汽爆破玉米秸秆的过程中，当初始底物浓度高于 15% 时，底物很难液化。10% 底物浓度的水解，底物液化的时间为 1～1.5h，15% 底物浓度液化时间为 2～2.5h，当底物浓度增加到30% 时，液化时间要 7～8h。主要是因为木质纤维生物质是具有高聚合度的纤维材料，在水溶液中纤维间的相互作用形成纤维絮状物或纤维网，使得体系中黏度增加，固液相间的传质和传热出现了流变学难题，故需要更长的时间液化和更多水解底物。由图 5.1 可知，不同底物浓度的蒸汽爆破玉米秸秆经纤维素酶一段式水解 72h 后，尽管水解液中纤维素降解产物纤维二糖和葡

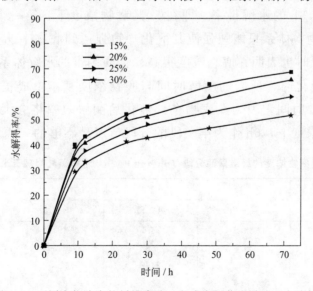

图 5.1　不同底物浓度的纤维素酶一段式水解蒸汽爆破玉米秸秆

萄糖的浓度随着底物浓度的增加而提高，但纤维素酶水解得率却随着底物浓度的提高而下降。当底物浓度从15％提高到30％时，48h的水解得率从64％降低到46.6％，72h水解得率从68.8％降低到51.6％。造成以上现象的原因是由于高底物浓度下酶扩散阻力增加和水解液中高浓度葡萄糖和纤维二糖对纤维素酶的反馈抑制作用增强的结果，与10％底物浓度的一段式水解相比，30％底物浓度的水解体系中的这种反馈抑制更加强烈。希望通过采用分段式水解技术来解除高底物浓度水解反应中的终产物反馈抑制作用，进而提高高底物浓度下的木质纤维素的糖化效率，为纤维素乙醇的商业化奠定基础。

5.3.2 不同底物浓度下纤维素酶分段式水解蒸汽爆破玉米秸秆

采用分批补料的方式，使最终反应体系中底物浓度分别为15％、20％、25％和30％。第一段酶用量为15FP IU/g纤维素的商品纤维素酶，在第二段和第三段水解开始时分别添加3FP IU/g纤维素和2FP IU/g纤维素的商品纤维素酶。于50℃、pH值4.8和150r/min的搅拌速度下进行蒸汽爆破玉米秸秆的分段式酶水解。不同底物浓度下纤维素酶分段（6h＋6h＋12h）式水解得率如表5.1所示。由表5.1可看出，不同底物浓度下，添加酶的第一个6h的水解得率差异较大。当底物浓度为10％时，6h时的水解得率为33.6％，当底物浓度为30％时，6h时的水解得率为16.3％，仅相当于10％底物浓度下1.5h的水解得率。即在30％底物浓度下，第一个6h如果要处理30％的底物，体系只能勉强使其液化，勉强达到底物10％时1.5～2h酶解的水平；同时也表明在底物浓度很高、传质困难的水解体系里，当固体底物还未全部液化时，所需的酶解时间与底物浓度基本上成正比关系。水解6h之后还需要时间，因为在底物全部液化后酶解效率将会大幅度提高，即在30％底物浓度下，6h作为第一段的分段节点是不够的。当然随着水解的

表5.1 不同底物浓度的纤维素酶分段（6h＋6h＋12h）水解蒸汽爆破玉米秸秆水解得率

底物浓度/%	纤维素水解得率/%			
	第一段	第二段	第三段	合计
10	33.6	23.1	19.4	76.1
15	29.3	26	21.4	76.7
20	24	24.7	22.7	71.4
25	17.6	23.6	24.9	66.1
30	16.3	25.2	25.7	67.2

进行，水解体系中糖浓度的逐渐增大会抑制酶解效率，故第一段时间不宜太长。设置 30％底物浓度下的总酶糖化反应时间为 30h，与 10％底物浓度的水解时间 24h 相比较，延长了 6h，分配在第一段和第二段各 3h，主要是为了充分发挥前面两段酶的催化作用。相同条件下，不同底物浓度的纤维素酶分段（9h＋9h＋12h）水解得率与时间的关系如图 5.2 所示。

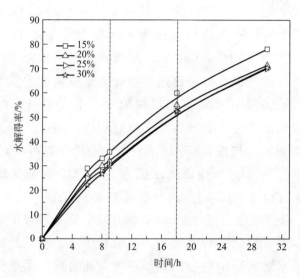

图 5.2　不同底物浓度的纤维素酶分段（9h＋9h＋12h）水解蒸汽爆破玉米秸秆

由图 5.2 可知，在分段（9h＋9h＋12h）酶水解过程中，当底物浓度为 15％时，30h 水解得率为 78％，比一段水解 72h 的水解得率 68.8％提高了 13％；当底物浓度为 20％和 25％时，30h 水解得率分别为 71.4％和 70％；底物浓度为 30％时，第一段、第二段和第三段的水解得率分别为 29.8％、22.6％和 18％，30h 水解得率为 70.4％，比一段式水解 72h 的水解得率 51.6％提高了 36％，并且水解时间缩短了 42h。当底物浓度较小时，虽然酶解得率较高，但酶解液中的还原糖浓度较低，为了提高后续发酵工艺的效率，希望增加酶解液中的还原糖浓度，因而需要提高酶解底物的浓度。其次，在分段（9h＋9h＋12h）酶水解过程中，当底物浓度为 20％、25％和 30％时，30h 水解得率变化不大。可能是由于酶解残渣中的黏附高糖浓度造成的；当底物浓度超过 20％时，尽管离心分离后的酶解残渣经过 100mL 蒸馏水的两次洗涤，但是第二次洗涤液中的纤维二糖和葡萄糖浓度还是很高，仍旧存在产物对水解反应的抑制作用；其二，酶和底物的作用是通过酶和底物生成复合物进行，当底物浓度增加至某种程度时，酶的活性中心被饱和或趋于饱和，反应速度达到一个极限值，故水解得率变化不大。因此，要想达到更高的酶糖化效率，必须加大酶的剂量。

国内外研究者对高底物浓度的纤维素酶水解木质纤维给予了高度的重视，Cara[14]以热水预处理和蒸汽爆破预处理的橄榄树为原料，酶用量为 15FP IU/g 底物的纤维素酶和 15IU/g 底物的 β-葡萄糖苷酶，在 30％底物浓度下水解 72h，热水预处理橄榄木的水解得率为 49.9％，蒸汽爆破橄榄木的水解得率为 39.9％。Cara 实验中的对热水预处理橄榄木的酶用量相当于 36.8FP IU/g 纤维素，对蒸汽爆破橄榄木的酶用量相当于 34FP IU/g 纤维素，他们实验的酶用量是我们的 2 倍。尽管预处理后橄榄木的木质素含量是蒸汽爆破玉米秸秆的 2 倍，但脱出热水预处理橄榄木的木质素对酶解得率也没有影响。他们的实验结果与 30％底物浓度纤维素酶一段水解实验的结果相似，进一步说明了在高底物浓度酶水解过程中，高的纤维素酶剂量和长的水解时间并不能减轻产物抑制作用。Chen[15]采用分批补料的纤维素酶水解技术，使底物浓度从 80g/L 提高至浓度为 110g/L，水解 72h，还原糖浓度为 89.5g/L，水解得率为 83.3％。同样底物和酶用量下分批添料比一次添料酶解得率高，主要是由于分批添加底物可减小反应过程中的底物浓度和传质阻力；其次是通过底物的分批加入，可以减缓水解初期纤维二糖的生成速率，从而降低了水解反应中底物的实际浓度，相对增大了单位底物重量的酶用量。研究表明，也可以通过解除酶糖化过程中的终产物抑制作用来强化高底物浓度的酶糖化效率，如及时除去生成的单糖、同步糖化发酵（SSF）技术或添加外源 β-葡萄糖苷酶[16~18]。Knutsen 在酶水解过程中，采用真空抽滤和超滤间歇除去葡萄糖，结果表明酶解过程中简单的固液分离就能使终产物葡萄糖浓度下降，从而提高底物的糖化率[16]。Ballesteros 以蒸汽爆破木质纤维原料为底物，纤维素酶用量 15FP IU/g 底物，耐热酵母 Kluyveromyces marxianus CECT 10875 为发酵菌种，在 42℃进行同步糖化发酵，结果表明，SSF 的乙醇得率为理论得率的 50％~72％，浓度为 16~19g/L[17]。SSF 法由于酶解与发酵温度的差异，限制了它的工业应用，研究人员也在积极的开发嗜热菌或基因工程菌用于同步糖化发酵技术；外源 β-葡萄糖苷酶的添加也能解除纤维素二糖对高底物酶解过程的抑制作用，但是酶制剂的成本一直是制约纤维素乙醇工业化的主要因素，这一措施无形中增加了酶糖化的成本。也有一些研究者通过反应器设计来解除高底物酶水解的产物抑制作用，Jørgensen[18]设计了一种滚筒式酶解反应器，在酶解初期通过滚筒的高速搅拌，让底物快速液化。在反应后期通过挤压使葡萄糖被不断分离以脱离酶解体系，进而消除产物抑制以提高糖化率。采用这种型式的反应器可以将水解的底物浓度提高到 40％，在酶水解的 10h 内底物可完全液化，水解 96h 后葡萄糖的得率可达到 86g/kg 底物。接入酿酒酵母进行同步糖化发酵，当底物浓度为 35％时，乙醇得率达到 48g/kg 底物。尽管，其酶糖化得率并不理想，但其研究成果可为高底物浓度木质纤维原料的酶水解提供一个新的思路。

5.3.3　高底物浓度下三段酶糖化的反应速率

在相同酶用量下，30％底物浓度下的一段和三段（9h＋9h＋12h）酶水解反应速率如图 5.3 所示。由图可知，在高底物浓度的分段（9h＋9h＋12h）水解过程中，随着反应过程中产物的去除，酶反应速率呈迅速增加趋势；在第一段除去终产物后，纤维素酶反应速率从 9h 的 4.94g/(L·h) 提高到 12h 的 5.39g/(L·h)，比一段式水解 12h 的酶反应速率 3.86g/(L·h)提高了 40％；在第二段除去终产物后，22h 酶糖化反应速率为 4.38g/(L·h)，比一段式水解 22h 的酶反应速率 2.79g/(L·h) 提高了 57％。以上数据表明，在纤维素酶水解过程中，各种酶组分的酶活受其产物的反馈抑制调节，终产物葡萄糖的积累反馈抑制 β-葡萄糖苷酶酶活；β-葡萄糖苷酶酶活的降低导致产物中纤维二糖的积累，纤维二糖的积累反馈抑制外切葡聚糖酶的酶活；外切葡聚糖酶酶活的抑制导致不溶性和可溶性纤维低聚糖的积累，它们的积累又反馈抑制内切葡聚糖酶的酶活，从而引起整个酶水解反应的效率低下。并且里氏木霉纤维素酶系中 β-葡萄糖苷酶酶活相对不足，导致了水解糖

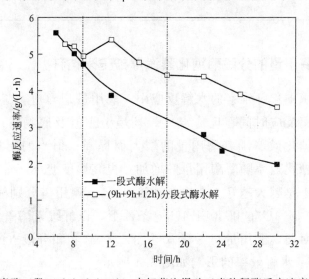

图 5.3　纤维素酶三段（9h＋9h＋12h）水解蒸汽爆破玉米秸秆酶反应速率随时间的变化

液中纤维二糖的严重积累。通过分段（9h＋9h＋12h）水解技术解除了高底物浓度下的产物反馈抑制问题，进而改善了纤维素酶各组分协同降解纤维素的活性，提高了酶糖化反应的速率，从而导致了酶水解得率和葡萄糖得率增加。

由以上的分析可知，30％底物浓度蒸汽爆破玉米秸秆的一段式酶水解过程中，底物液化的时间需要5～6h；底物液化后，水解液中糖浓度的迅速增加将反馈抑制纤维素酶活性，最终导致酶反应速率降低。为证明高底物浓度分段式水解技术中9h作为第二段分段点的优越性，以9h作为第一段的分段点，进行了（9h＋9h＋12h）、（9h＋10h＋12h）、（9h＋11h＋12h）和（9h＋12h＋12h）的分段水解实验，结果如表5.2。由表中可知，尽管第二段水解的时间逐渐递加，但总的水解得率变化不大，均为70％左右。可能还是由于酶解残渣中附着的高糖浓引起的产物抑制造成的。以缩短酶水解的时间为目的，第二段的时间选择为9h。当然分段点的选择还和酶解残渣上存在的结合酶有关。

表5.2　30％底物浓度的分段酶水解蒸汽爆破玉米秸秆方案

方案	纤维素水解得率/％			
	第一段	第二段	第三段	合计
（9h＋9h＋12h）	29.81	22.58	18.02	70.41
（9h＋10h＋12h）	29.46	23.37	17.25	70.07
（9h＋11h＋12h）	29.77	23.47	17.19	70.43
（9h＋12h＋12h）	30.02	24.68	16.02	70.71

5.3.4　不同酶用量的分段酶糖化蒸汽爆破玉米秸秆

在纤维素酶催化纤维素的水解反应中，酶用量是影响酶糖化效率的一个重要因素。在酶反应时间、反应温度、环境pH值及底物浓度不变的情况下，纤维素酶糖化效率随着酶用量的增大而提高；但当酶用量达到一定值后，纤维素酶糖化效率随着酶用量的增加，提高幅度变小，考虑到酶成本问题，酶用量并不是越大越好。在底物浓度30％，酶用量分别为15FP IU/g、20FP IU/g、25FP IU/g和30FP IU/g条件下，以纤维素酶一段式蒸汽爆破玉米秸秆作为对照，酶用量对一段式［图5.4(a)］和分段（9h＋9h＋12h）式［图5.4(b)］水解效率的影响如图5.4所示。

由图5.4可知，无论是未分段还是分段水解，纤维素酶糖化得率均

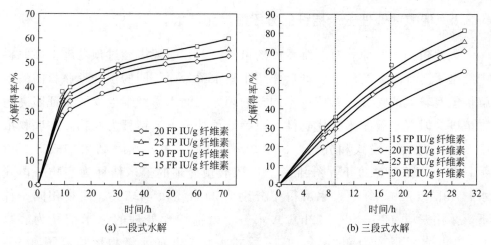

(a) 一段式水解　　　　　　　　　　　(b) 三段式水解

图 5.4　不同酶用量对纤维素酶一段式水解（a）和（9h＋9h＋12h）三段（b）水解
蒸汽爆破玉米秸秆效率的影响

随着酶用量的增加而提高，在底物浓度不变的条件下，酶用量的增加意味着酶与底物接触的机会增加，或者说酶-底物复合物形成的概率增大，从而导致反应速率的增加。在一段式水解过程中，当酶用量从 15FP IU/g 纤维素 提高到 30FP IU/g 纤维素时，72h 纤维素酶水解得率从 44.7％提高到 59.9％。在三段（9h＋9h＋12h）水解中，当酶用量从 15FP IU/g 纤维素提高到 30FP IU/g 纤维素时，30h 纤维素酶水解得率从 59.9％提高到 81.4％；20FP IU/g 纤维素的酶用量时，30h 水解得率为 70.41％，比一段水解 72h 水解得率 52.7％提高了 34％，再一次证明了在高底物浓度下纤维素酶分段水解的优势。此外，无论是一段式水解还是三段式水解，酶用量在 25～30FP IU/g 纤维素之间，对纤维素酶的糖化效率影响不大，说明酶用量只是在一定范围内影响纤维素酶糖化效率，除了酶用量外，底物中纤维素的聚合度、结晶度和木质素等对纤维素酶水解得率也有影响。因此，木质纤维素酶水解过程中，增加纤维素酶的用量在一定程度上对水解有利，可以提高水解得率，但当纤维素酶量超过一定量后，对水解的影响不大，而且过高的纤维素酶用量将直接导致纤维素酶水解成本的增加，一般木质纤维生物质酶水解过程中酶用量为 15～20FP IU/g 纤维素。当然，如今酶制剂公司已经从提高纤维素酶的产量和改进纤维素酶的特异活性方面，降低了纤维素酶制备成本；纤维素酶成本的降低，意味着在高底物浓度的分段酶水解过程中 30FP IU/g 纤维素的酶剂量是经济可行的。

5.3.5 稀酸预处理玉米秸秆的分段酶糖化技术

天然植物纤维原料对纤维素酶的可及性差，一般需经过预处理提高原料中纤维素对纤维素酶的敏感性后才用于酶水解，而不同的预处理原料的酶水解性能有较大的差异，希望用不同预处理方式的木质纤维生物质来证明高底物浓度分段式水解技术的优越性。以稀酸预处理玉米秸秆为底物，在底物浓度30%，进行一段式和分段（9h＋9h＋12h）式酶水解，结果如表5.3所示。在30%底物浓度下，纤维素酶以稀酸预处理的玉米秸秆为底物一段式水解48h和72h，纤维素水解得率分别为41.1%和44.2%。而在相同条件下，采用三段（9h＋9h＋12h）式水解，以稀酸预处理的玉米秸秆为底物时，30h水解得率为60.8%，比一段式水解72h的水解得率提高了38%；以上数据表明在高底物浓度下，分段式水解技术适合于稀酸预处理方式的底物，进一步证明了分段式酶水解技术的优越性。采用分段（9h＋9h＋12h）水解蒸汽爆破玉米秸秆和稀酸预处理玉米秸秆，30h的酶糖化效率分别为70.4%和60.8%，糖化效率的差异主要是不同的预处理方式造成的。玉米秸秆经稀酸预处理，尽管大部分半纤维素被水解抽提，但对纤维素、木质素之间的紧密连接破坏程度仍然相对较小。而蒸汽爆破预处理是木质纤维原料在几十个大气压下，经高温饱和水蒸气中经几十秒至几分钟的瞬间处理后，立即降至常压，使木质纤维原料爆碎成渣，孔隙增大。高温高压加剧了纤维素内部氢键的破坏和有序结构的变化，游离出新的羟基，增加了纤维素对酶的吸附能力。

表5.3　稀酸预处理的玉米秸秆的一段式和分段（9h＋9h＋12h）酶水解效率

底物	纤维素水解得率/%			
	第一个9h	第二个9h	第三个12h	合计
一段72h水解	—	—	—	44.2
分段(9h＋9h＋12h)水解	28	18.9	13.9	60.8

5.3.6 NaOH-Fenton试剂预处理桑木的分段酶糖化技术

以15%（初始底物浓度）NaOH-Fenton预处理桑木为底物，在3h、4h和5h补加绝干底物5%，使最终反应体系中底物浓度为15%、20%、25%和30%，底物浓度对一段式水解和三段（9h＋9h＋12h）水解糖化效率的影响如图5.5所示。在纤维素酶一段式水解NaOH-Fenton预处理桑木的过程

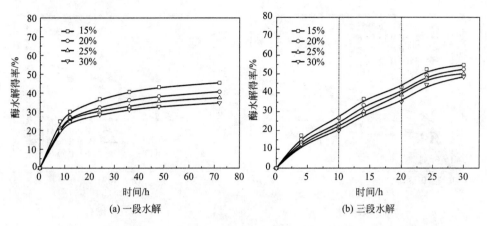

(a) 一段水解　　　　　　　　　　(b) 三段水解

图 5.5　底物浓度对纤维素酶一段水解（a）和三段（9h＋9h＋12h）水解
（b）NaOH-Fenton 预处理桑木的影响

中，当初始底物浓度高于 15％时，底物就很难液化，15％底物浓度液化时
间为 2～2.5h；当底物浓度增加到 30％时，液化时间为 7～8h。由图 5.5
（a）可知，当底物浓度从 15％提高到 30％时，不同底物浓度的 NaOH-
Fenton 预处理桑木经纤维素酶一段水解 48h 时，水解得率从 43.1％降低到
32.8％，72h 水解得率从 45.4％降低到 34.8％。造成以上现象的原因是由
于高底物浓度下酶扩散阻力增加和水解液中高浓度葡萄糖和纤维二糖对纤维
素酶的反馈抑制作用增强的结果。由图 5.5（b）可知，在（9h＋9h＋12h）
三段酶水解过程中，当底物浓度为 15％时，30h 水解得率为 54.8％，比一
段式水解 72h 的水解得率增加了 20.6％；当底物浓度为 20％和 25％时，
30h 水解得率分别为 52.6％和 50.2％；底物浓度为 30％时，第一段、第二
段和第三段的水解得率分别为 19.7％、16.4％和 13.3％，30h 水解得率为
48.4％，比一段式水解 72h 的水解得率增加了 39％，并且水解时间缩短了
42h。由以上数据可看出，底物浓度较小时，虽然酶解得率较高，但酶解液
中的还原糖浓度较低。并且在分段（9h＋9h＋12h）酶水解过程中，当底物
浓度为 20％、25％和 30％时，30h 水解得率变化不大。为了提高后续糖的
利用效率，希望增加酶解液中的还原糖浓度，因而需要提高酶解底物的
浓度。

　　通过分批补料的方式，以浓度为 30％NaOH-Fenton 预处理的桑木为底
物，纤维素酶用量分别为 20FP IU/g、25FP IU/g、30FP IU/g、35FP IU/g
和 40FP IU/g 纤维素的条件下，酶用量对一段和三段（9h＋9h＋12h）糖化
效率的影响如图 5.6 所示。由图 5.6 可知，无论是一段水解还是三段水解，

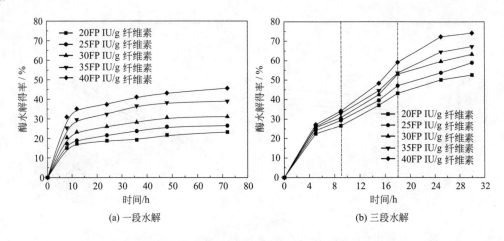

(a) 一段水解　　　　　　　　(b) 三段水解

图 5.6　纤维素酶用量对一段水解（a）和三段（9h＋9h＋12h）
（b）水解得率的影响

纤维素酶水解得率均随着酶用量的增加而提高，在底物浓度 30％的条件下，酶用量的增加意味着更多的纤维素酶吸附到底物上，增加了平均酶反应速率。当酶用量从 20FP IU/g 纤维素提高到 40FP IU/g 纤维素时，在一段式酶水解中，72h 纤维素酶水解得率从 23.3％提高到 45.6％；在三段（9h＋9h＋12h）酶水解中，30h 纤维素酶水解得率从 52.6％提高到 74.2％。在不同酶用量的三段（9h＋9h＋12h）酶水解过程中，在第一个 10h，酶用量对纤维素酶水解得率的影响不大；而在第二段（10～20h）和第三段（20～30h）过程中，当酶用量在 30～40FP IU/g 纤维素时，酶水解得率显著增加。但当纤维素酶量超过一定量后，对水解的影响不大。

经（9h＋9h＋12h）分段酶糖化 NaOH-Fenton 试剂预处理桑木的固体残渣的表面形态如图 5.7 所示。图 5.7(a) 为预处理底物经 30h 酶水解后放大 80 倍的扫描电镜图，可以看出底物原本紧密有序的结构完全受到破坏，纤维被不规则地解聚及断裂。350 倍下观察图 5.7(b) 可以清晰地看到微纤维的断裂部位，并且经预处理和酶水解后，纤维束相互分开松散。600 倍下观察图 5.7(c) 可以看到，经酶水解后纤维质地变得柔软，结构变得疏松，该处糖化现象较为明显。800 倍扫描电镜下观察图 5.7(c) 可以看出纤维间的孔隙较大，有细小纤维的剥离脱落现象。原料首先经过预处理使部分半纤维素被降解溶出，增加了纤维间的孔隙，有利于纤维素与酶的结合；再经过 30h 纤维素酶水解，由于受到外切葡聚糖酶、内切葡聚糖酶和 β-葡萄糖苷酶的共同作用，破坏了纤维的表面结构，使纤维长链逐渐降解。

图 5.7　（9h＋9h＋12h）分段水解 NaOH-Fenton 试剂预处理的桑木的扫描电镜图

(a) 80 倍；(b) 350 倍；(c) 600 倍；(d) 800 倍

5.3.7　自产纤维素酶分段酶糖化蒸汽爆破玉米秸秆

自产纤维素酶为里氏木霉 Rut C30，以含 10g/L 纤维素的不同碳源制备，碳源分别为蒸汽爆破预处理玉米秸秆（A）、纸浆（B）和稀酸预处理玉米秸秆（C）。在起始底物浓度为 15％，水解 3h、4h 和 5h 分别补加绝干底物 5％后，使最终反应体系中底物浓度为 25％和 30％，第一段纤维素酶用量 15FP IU/g 纤维素，在第二段和第三段水解开始时分别添加 3FP IU/g 纤维素和 2FP IU/g 纤维素的新鲜纤维素酶。于 pH 值 4.8、50℃和搅拌速度 150r/min 下进行分段（9h＋9h＋12h）水解。不同底物浓度下的自产纤维素酶与商品纤维素酶的分段（9h＋9h＋12h）水解得率如表 5.4 所示。由表 5.4 可知，在纤维素酶的分段（9h＋9h＋12h）水解过程中，当底物浓度为 25％时，自产纤维素酶的水解得率均高于商品纤维素酶，水解得率的显著提高主要体现在第二段和第三段。以蒸汽爆破玉米秸秆为碳源的自产纤维素酶 A，第一、第二段和三段的水解得率分别为 33.7％、27.9％和 23.5％，30h 的水解得率为 85.1％，比商品纤维素酶 30h 的分段水解得率 71.5％提高了 19％；以纸浆和稀酸预处理玉米秸秆为碳源的自产纤维素酶 B、C，30h 的水

表 5.4 自产纤维素酶分段（9h＋9h＋12h）水解蒸汽爆破玉米秸秆

酶	底物浓度/%	水解得率/%			
		第一个 9h	第二个 9h	第三个 12h	合计
商品纤维素酶	25	29.70	24.00	17.80	71.50
自产纤维素酶 A		33.70	27.90	23.50	85.10
自产纤维素酶 B		32.70	27.00	22.70	82.40
自产纤维素酶 C		30.60	26.30	23.30	80.20
商品纤维素酶	30	29.60	23.30	17.70	70.41
自产纤维素酶 A		31.30	24.20	20.30	75.80
自产纤维素酶 B		28.90	23.40	22.00	74.30
自产纤维素酶 C		28.80	23.40	20.40	72.60

解得率分别为 82.4% 和 80.2%。当底物浓度为 30% 时，不同纤维素酶水解得率的差距缩小，以蒸汽爆破玉米秸秆为碳源的自产纤维素酶 A 30h 的水解得率为 75.8%，仅比商品纤维素酶 30h 的分段水解得率 70.41% 提高了 7%。高底物浓度水解的瓶颈在于水解初期的传质阻力和水解中后期的产物抑制，采用分批补料技术能够基本解决水解初期的传质阻力问题。尽管分段水解技术在 10% 底物浓度下能够解除产物抑制，但在 30% 底物浓度下，水解液中的糖浓度较高，简单的离心分离和洗涤只能减轻产物抑制，不能够彻底解除产物抑制，因此自产纤维素酶与商品纤维素酶在 30% 底物浓度下的分段水解得率相差不大，也就是说随着底物浓度的增加，纤维素酶酶系结构对水解效率的影响逐渐变小，而产物抑制对水解效率的影响成为主要因素。

在纤维素酶的生物合成过程中，充当碳源的物质不但是微生物生长代谢的能量来源，而且也是酶合成诱导物的重要来源，碳源的组成影响到菌体的生长和酶蛋白的分泌。一般认为，纯纤维素是纤维素酶制备最好的碳源和诱导物，但纯纤维素价格较高，因而工业化应用受到一定限制。植物纤维原料中富含纤维素，它们对纤维素酶的合成具有良好的诱导作用，是纤维素酶制备经济的碳源和诱导物。但天然木质纤维中纤维素、半纤维素和木质素以超分子的结构紧密结合，不利于微生物利用，因此利用木质纤维作为纤维素酶制备的碳源时，必须经过一定的预处理后才可用于纤维素酶的制备。稀酸和蒸汽爆破预处理技术并不能除去木质纤维中的木质素，而木质素与纤维素酶蛋白会发生不可逆吸附现象，并且分批添料技术制备纤维素酶还会有更多的木质素累积，因此，利用植物纤维作为制备纤维素酶碳源的技术值得商酌。无论是一段水解和分段水解，还是高底物浓度水解，利用稀酸预处理和蒸汽爆破预处理的玉米秸秆作为碳源制备的自产纤维素酶 A 和 C，都显示出了较高的水解自身底物的水解活性。正如第 2 章所述，除了自产纤维素酶具有较为合理的酶系结构之外，商品酶和自产酶在蛋白质分布上也存在一些差异，也是造成糖化效率差异的原因。

5.4　分段酶糖化木质纤维素过程中的纤维素酶的分布规律

5.4.1　分段酶糖化蒸汽爆破玉米秸秆过程中纤维素酶的分布

木质纤维原料主要由纤维素、半纤维素和木质素组成，经预处理后，木质素的脱除率低，在纤维素酶水解过程中，大量的纤维素酶蛋白会竞争吸附到暴露的木质素上，造成水解体系中底物纤维素过量，水解不完全。尽管采用分段酶水解技术后，解除了产物对纤维素酶各组分的抑制作用，但是木质素在酶水解过程中的无效吸附是不容忽视的。在相同的水解条件下，以微晶纤维素 Avicel PH-101 和酸木质素作为模型物，分析 30% 底物浓度下，分段（9h+9h+12h）酶水解过程中纤维素和木质素对纤维素酶蛋白的竞争吸附现象。底物蒸汽爆破玉米秸秆、微晶纤维素和酸木质素对纤维素酶的吸附量如表 5.5 所示，不同底物的水解上清液经 10kDa 超滤膜超滤后，酶蛋白 SDS-PAGE 电泳如图 5.8 所示。

表 5.5　分段（9h+9h+12h）酶水解过程中纤维素酶蛋白在不同底物上的分布

| 底物 | 分段 | 水解体系中的总纤维素酶 | | | 上清液中的自由酶 | | | 酶解残渣 |
		滤纸酶活 /(FP IU /mL)	β-葡萄糖苷酶酶活 /(IU/mL)	蛋白质浓度 /(mg /mL)	滤纸酶活 /(FP IU /mL)	β-葡萄糖苷酶酶活 /(IU/mL)	蛋白质浓度 /(mg /mL)	蛋白质浓度 /(mg /mL)
蒸汽爆破玉米秸秆	1	2.03	0.14	0.78	0.25	0.06	0.35	0.43
	2	2.19	0.11	0.59	0.16	0.03	0.23	0.36
	3	2.30	0.10	0.46	0.10	0.02	0.13	0.33
微晶纤维素	1	2.03	0.14	0.78	0.14	0.12	0.05	0.73
	2	2.30	0.05	0.89	0.10	0.04	0.07	0.82
	3	2.47	0.03	0.92	0.15	0.01	0.09	0.83
酸木质素	1	2.03	0.14	0.78	0.43	0.05	0.17	0.61
	2	2.01	0.13	0.77	0.35	0.05	0.17	0.60
	3	1.93	0.10	0.70	0.15	0.04	0.12	0.58

由表 5.5 可知，水解体系中的总纤维素酶蛋白浓度、滤纸酶活和 β-葡萄糖苷酶酶活分别为 0.78mg/mL，2.03FP IU/mL，0.14IU/mL。当 15FP IU/g 纤维素的纤维素酶水解 30g 绝干蒸汽爆破玉米秸秆 9h 时，上清液中纤

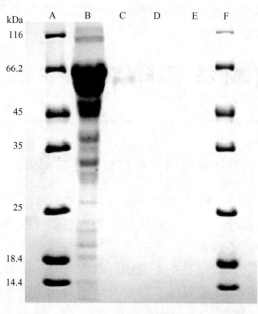

图 5.8 蒸汽爆破玉米秸秆（9h＋9h＋12h）分段酶水解上清液的 SDS-PAGE 电泳

维素酶蛋白浓度、滤纸酶活和 β-葡萄糖苷酶酶活分别为初始值的 45％、12％和 43％，酶解残渣中的酶蛋白浓度为 0.43mg/mL，占初始酶蛋白浓度的 55％；尽管第二段和第三段水解开始时分别添加 3FP IU/g 纤维素和 2FP IU/g 纤维素的新鲜纤维素酶到水解体系中，但新鲜纤维素酶能快速吸附到底物上，且第一段酶解残渣中的酶蛋白并未脱附，在第二个 9h 和第三个 12h 时，酶解残渣中的酶蛋白浓度分别为 0.36mg/mL 和 0.33mg/mL。以上数据表明，在高底物浓度的纤维素酶分段水解过程中，每一段水解结束后，酶解残渣中的酶蛋白含量较高，滤纸酶活也较高。由于每一段水解时间较短，残渣吸附的纤维素酶具有较高的再反应性，可继续进行下一段的水解。相同酶用量下，30％底物浓度的（9h＋9h＋12h）分段水解第一个 9h 时，酶解残渣上吸附的酶蛋白与 10％底物浓度的（6h＋6h＋12h）分段水解的第一个 6h 的吸附量（63％）基本相等，主要是由于无论是 10％还是 30％底物浓度，水解体系中酶蛋白与纤维素含量和酶蛋白与木质素含量的比例是相同的。蒸汽爆破玉米秸秆（9h＋9h＋12h）分段水解的各段上清液经 10000r/min 离心 5min，上清液用 10kDa 的超滤膜超滤后，进行 SDS-PAGE 凝胶电泳，结果如图 5.8 所示。由初始纤维素酶蛋白（B）的谱带可看出，纤维素酶蛋白主要由外切葡聚糖酶（CBHⅠ、CBHⅡ）、内切葡聚糖酶（EGⅣ）和 β-葡萄糖苷酶组成。水解 9h 后，液相中的酶蛋白各组分浓度都非常低，谱带（C）与初始酶蛋白（B）相比非常弱，显示了纤维素酶蛋白在水解初期与底物的快速吸附；尽管在第二段和第三段补加了新鲜的纤维素酶，但液相中的酶蛋白浓度仍然很低，说明新鲜纤维素酶也能快速吸附到底物上。

5.4.2　分段酶糖化过程中纤维素对纤维素酶的吸附现象

以微晶纤维素为底物，模拟 30％底物浓度下（9h＋9h＋12h）分段酶水解过程中纤维素对纤维素酶的吸附现象。由表 5.5 可知，水解体系中的总纤维素酶蛋白浓度、滤纸酶活和 β-葡萄糖苷酶酶活分别为 0.78mg/mL，2.03FP IU/mL，0.14IU/mL。15FP IU/g 纤维素的纤维素酶水解 17.08g 绝干微晶纤维素 Avicel PH-101（含纤维素 13.53g）9h，上清液中纤维素酶蛋白浓度、滤纸酶活和 β-葡萄糖苷酶酶活分别为初始值的 6％、7％和 86％，酶解残渣中的酶蛋白浓度为 0.73mg/mL，占初始酶蛋白浓度的 94％；在第二段和第三段水解开始时分别添加 3FP IU/g 纤维素和 2FP IU/g 纤维素的新鲜纤维素酶后，水解上清液中的滤纸酶活和蛋白质浓度变化不大，酶解残渣中的酶蛋白浓度分别为 0.82mg/mL 和 0.83mg/mL。以上数据表明，在（9h＋9h＋12h）分段水解微晶纤维素的第一个 9h，纤维素上的纤维素酶吸附位点基本上饱和，也就是说除了 β-葡萄糖苷酶外，上清液中纤维素酶蛋白几乎都吸附到了底物纤维素上，同时也说明了第一段酶用量 15FP IU/g 纤维素是合适的；其二，第二段和第三段上清液中的纤维素酶蛋白和滤纸酶活变化不大，但水解得率有所提高，说明纤维素酶与纤维素之间的吸附过程是一个动态过程，酶蛋白在纤维素和液相中自由"移动"，发生着吸附和解吸的行为。每一段的上清液经 10000r/min 下离心 5min，10kDa 超滤膜超滤后，取上清液进行 SDS-PAGE 凝胶电泳，结果如图 5.9（A～D）所示。从图 5.9 可以看出，与初始酶（A）相比，第一个 9h，除 114～116kDa 的条带外，大量的纤维素酶蛋白都吸附到纤维素上，原因可能是此分子量范围的酶蛋白不具备纤维素吸附位点；第二段（C）和第三段（D）新鲜纤维素酶的补加，上清液中存在 65kDa 的微弱蛋白条带，可能是纤维素表面酶的吸附位点饱和，新鲜纤维素酶未能吸附；也可能是随着水解反应的进行，有酶的解吸现象。研究表明，以微晶纤维素为底物，水解 30h 后，大部分的纤维素酶蛋白能够脱附到水解上清液中[19]，从第 3 章纤维素酶一段水解微晶纤维素的图 3.6 中，也可知水解 12h 后，酶蛋白开始脱附。与图 3.6 相比较，尽管底物浓度不同，但酶用量与纤维素质量的比例是相同的，图5.8可清楚地看到（9h＋9h＋12h）分段酶水解过程中，30h酶解残渣中酶蛋白的吸附量比一段水解多，证明了纤维素酶水解过程中，产物抑制的解除不仅改善了纤维素酶的协同水解活性，并且在一定程度上促进了酶与底物的吸附，或者说酶-底物复合物的形成，这可能是分段水解效率优于一段水解的原因，有待进一步实验证明。

5.4.3　分段酶糖化过程中木质素对纤维素酶的吸附现象

以酸木质素为底物，水解体系中纤维素酶用量相同的条件下，模拟30％底物浓度下（9h＋9h＋12h）分段酶水解过程中木质素对纤维素酶的吸附现象。由表5.5可知，水解体系中的总纤维素酶蛋白浓度、滤纸酶活和β-葡萄糖苷酶酶活分别为 0.78mg/mL，2.03FP IU/mL，0.14IU/mL。29FP IU/g 木质素的纤维素酶水解 12.12g 绝干酸木质素（含木质素 6.96g）9h，上清液中纤维素酶蛋白浓度、滤纸酶活和 β-葡萄糖苷酶酶活分别为初始值的 22％、21％和 29％，酶解残渣中的酶蛋白浓度为 0.61mg/mL，占初始酶蛋白浓度的 78％；在第二段和第三段水解开始时分别添加 6FP IU/g 木质素和 4FP IU/g 木质素的新鲜纤维素酶，酶解残渣中酶蛋白浓度分别为 0.60 mg/mL 和 0.58mg/mL。以上数据表明，在（9h＋9h＋12h）分段水解过程中，在第一个 9h，木质素上的纤维素酶吸附位点就已饱和，并且木质素与纤维素酶之间的吸附为不可逆吸附，因此随着水解的进行，酶的脱附量很少；新鲜纤维素酶的添加，并没有增加底物木质素上的酶蛋白量，表面上看新鲜酶并没有发生与木质素的吸附。实际上，在纤维素酶水解木质纤维的过程中，随着纤维素和半纤维素的降解，使得木质素上的纤维素酶吸附位点暴露，在第二段和第三段水解过程中仍然有新鲜纤维素酶不可逆吸附到木质素上。每一段的上清液经 10000r/min 下离心 5min，10kDa 超滤膜超滤后，取上清液进行 SDS-PAGE 凝胶电泳，结果如图 5.9（E～G）所示。由图可知，第一段水解之后，上清液中主要蛋白条带为 65kDa，第二段和第三段补充新鲜纤维素酶后，主要蛋白条带仍为 65kDa，且变化不大，当然上清液中还存在一些小分子的蛋白。相对分子量为 114～116kDa 的蛋白条带在以酸木质素为底物的（9h＋9h＋12h）分段酶水解反应中没有存在，可能是由于木质素大分子对这一分子量范围的酶蛋白存在的非特异吸附。

以上结果表明，在高底物浓度水解过程中，分段水解技术能够改善纤维

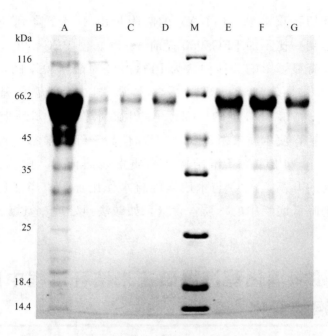

图 5.9　相同纤维素和木质素含量的微晶纤维素和酸木质素（9h＋9h＋12h）
分段水解上清液的 SDS-PAGE 电泳

M—标准蛋白；A—0；B—微晶纤维素第一个 9h；C—微晶纤维素第二个 9h；D—微晶纤维素第三个 12h；
E—酸木质素第一个 9h；F—酸木质素第二个 9h；G—酸木质素第三个 12h

素酶各组分间的协同水解作用，在一定程度上促进了纤维素酶-纤维素复合物的形成。其次，无论是一段式水解还是分段式水解技术，都不可能避免木质纤维中的木质素与纤维素酶的不可逆吸附，很多研究者在木质素与纤维素酶的吸附，及如何减少这种不可逆吸附上做了大量的研究。Berlin 比较了两种具有相同内切葡聚糖酶酶活的 EG Ⅲ 和 EG Ⅰ 对有机溶剂萃取的木质素的亲和力，其中 EG Ⅲ 来自青霉（Penicillium sp），EG Ⅰ 来自腐质霉（Humicola sp），结果表明，当达到吸附平衡时，上清液中含有 85％以上的 EG Ⅰ 和 EG Ⅲ，主要是由于 EG Ⅰ 和 EG Ⅲ 中缺少纤维素结合域（CBD）。他们认为通过基因工程制备缺失 CBD 的弱木质素吸附酶是未来纤维素酶的一个研究方向[20]。有的研究者通过在酶解过程中加入表面活性剂来减少木质素对酶的吸附，BÖrjesson[21]研究了表面活性剂种类、用量对蒸汽爆破云杉酶解的影响。研究结果表明，不加表面活性剂时，酶解得率仅为 54％，随着加入表面活性剂中氧乙烯基的增加，酶解得率不断提高。加入表面活性剂聚乙烯醇 PEG4000，在 40℃时酶解，24h 酶解转化率为 64％，比不加时提高 20％；当酶解温度升高到 50℃时，16h 汽爆云杉的转化率由 42％提高到

78％，并且外切葡聚糖酶（Cel7A）的吸附量由 81％下降到 59％，最大转化率在 24h 达到，比不加 PEG4000 提前 6～8h。但 PEG4000 对脱木质素汽爆云杉酶解没有显著影响。他们认为 PEG4000 对酶解得率的贡献来源于其与木质素的作用，加入 PEG 后，木质素中的疏水基团，苯基，—CH$_2$—，—CH$_3$ 和 PEG 中的—CH$_2$—发生疏水作用，苯环上的氢与 PEG 中的氧形成氢键，使木质素对 PEG 的亲和性高于纤维素酶。同时由于 PEG 吸附在木质素上，PEG 的长链结构从木质素表面伸出，阻止了酶的靠近，并且随着温度的升高，PEG 与木质素的疏水作用加强。当然还可通过其他预处理方式来降低底物中的木质素含量，如碱法预处理、氨爆破法和湿氧化法等。

5.5 分段酶糖化蒸汽爆破玉米秸秆过程中底物结晶结构的变化

分段（9h＋9h＋12h）水解过程中，每一段反应结束后，离心分离固液相，蒸馏水洗涤固体残渣两次，风干固体残渣。采用 X 射线衍射法分析固体残渣结晶度在水解过程中的变化情况。图 5.10 是蒸汽爆破玉米秸秆在添

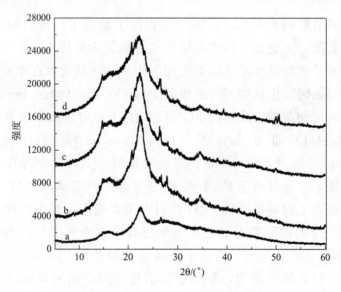

图 5.10　添加酶的（9h＋9h＋12h）分段酶水解残渣的 X 衍射图

a—蒸汽爆破玉米秸秆；b—第一个 9h 水解后的残渣；

c—第二个 9h 水解后的残渣；d—第三个 12h 水解后的残渣

加酶的（9h＋9h＋12h）分段酶水解后的 X 射线衍射图，（9h＋9h＋12h）分段酶水解过程中底物结晶度的变化情况如图 5.11 所示。

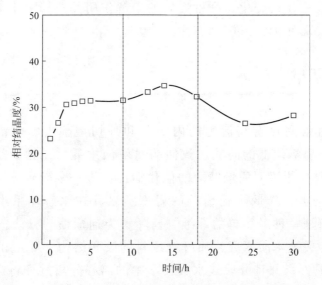

图 5.11　（9h＋9h＋12h）分段酶水解过程中底物结晶度的变化

由图 5.10 和图 5.11 可知，蒸汽爆破玉米秸秆由 23％的结晶区和 77％的无定形区组成，经纤维素酶三段（9h＋9h＋12h）水解后，酶解残渣结晶度呈现先逐渐增加再缓慢降低的趋势。经第一个 9h 水解后，酶解残渣结晶度提高到 30％，这是由于纤维素酶对纤维素无定形区的水解能力要大于对纤维结晶区的能力，作用于无定形区的速率高于作用于结晶区的速率，这个阶段以无定形区的水解和向结晶区内部渗透为主，从而使结晶度提高。经第二个 9h 水解后，结晶度为 34％，这说明由于前期纤维素酶向纤维素大分子的渗透，使得纤维素酶作用于结晶区的速率相对提高，所以此阶段结晶度提高不明显；经过第三个 12h 水解后，酶解残渣结晶度减少到 25％，这由于水解后期纤维素酶对结晶区的表面和无定形区都有作用。一般认为，纤维素酶的分子较大，只能进攻纤维素纤维的无定形区，而对结构规整、排列紧密的结晶区的水解能力较弱，故经纤维素酶处理后纤维素结晶度会相应提高[22,23]。但是，不同学者在这一方面上的研究结果却并不一致。鲁杰[22]用 X 衍射法分析了苇浆纤维在酶解进程中结晶结构的变化，在纤维素酶作用 24h 之后，纤维素结晶度没有变化；当酶解时间延长到 48h 时，结晶度由 58％增加到 62％；当酶解时间由 48h 增加到 72h 时，结晶度由 62％提高到 63％；再继续延长酶解时间时，结晶度提高到67%，认为纤维素酶对纤维素结晶区和无定形区的作用是分阶段的，不同时期作用方式不同。而有些研究表明，纤维素纤维在酶处理前后结晶度几乎没有什么变化，纤维素酶的水解作用并非局限于无定形区，而是对结晶区表面和无定形区都有作用[24,25]。

5.6 酶回收

木霉纤维素酶具有高活力的内切型和外切型葡聚糖酶活，但存在着β-葡萄糖苷酶酶活偏低的问题，致使酶水解液中纤维二糖积累，并强烈反馈抑制内切型和外切型葡聚糖酶的催化活性，进一步导致分段式水解糖液中纤维二糖较多，降低了葡萄糖的得率。尽管在水解体系中添加外源的β-葡萄糖苷酶是一种最简单的纤维二糖降解为葡萄糖的方法，但约30%的β-葡萄糖苷酶会被木质素或木质纤维原料的胶联结构"固定化"，造成β-葡萄糖苷酶的损失；并且分段式水解技术中的离心分离过程将会使得大量的β-葡萄糖苷酶流失。因此，在分段水解结束后，通过减压浓缩使得纤维二糖达到一定浓度，在液相中添加β-葡萄糖苷酶单独水解纤维二糖，既避免了β-葡萄糖苷酶的流失，又避免了木质素和纤维素的交联结构对β-葡萄糖苷酶的不可逆吸附，并且还可利用超滤或固定化技术回收β-葡萄糖苷酶，技术路线如图5.12所示。

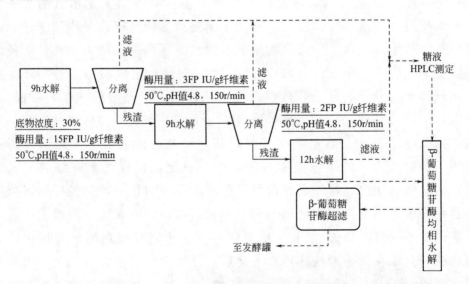

图5.12 （9h+9h+12h）分段酶水解与β-葡萄糖苷酶均相水解技术路线

5.6.1　β-葡萄糖苷酶均相水解

（9h＋9h＋12h）三段式酶水解蒸汽爆破玉米秸秆水解结束后，经离心固液分离、洗涤，第一、二和三段上清液中的纤维二糖分别为2437.44mg、1847.99mg和1385.19mg，可发酵性糖的比例分别为44.66％、46.715％和47.27％，各段水解糖液的可发酵性糖的比例都没有超过50％。这主要是由于里氏木霉纤维素酶本身的基因结构中β-葡萄糖苷酶含量较低决定的，其次是分段水解过程中的固液分离使得酶液中β-葡萄糖苷酶流失。纤维素酶由内切葡聚糖酶、外切葡聚糖酶和β-葡萄糖苷酶三种组分构成，纤维素的水解主要是在这三种组分的协同水解下进行，理想的纤维素酶水解行为是这三种酶组分的酶反应速度基本相等，使得水解反应中间产物保持在很低水平，既有利于解除反馈抑制作用，又可以保证水解液中的糖组分均为可发酵性糖类，从而提高后续乙醇发酵的产量。

收集（9h＋9h＋12h）三段酶水解的上清液（其中纤维二糖和葡萄糖浓度分别为26.93g/L和16.88g/L），添加1IU/mL或2IU/mL的β-葡萄糖苷酶进行均相水解6h，水解历程如图5.13所示。由图5.13可知，反应初期，β-葡萄糖苷酶的水解纤维二糖的速率随着酶用量的增加而提高，1h时，添加1IU/mL的β-葡萄糖苷酶，浓缩糖液中的纤维二糖从未添加的26.93g/L

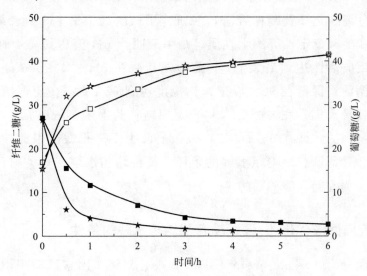

图5.13　β-葡萄糖苷酶均相水解纤维二糖的历程

☆—β-葡萄糖苷酶用量为2IU/mL的葡萄糖浓度；★—β-葡萄糖苷酶用量为2IU/mL的纤维二糖浓度；

□—β-葡萄糖苷酶用量为1IU/mL的葡萄糖浓度；■—β-葡萄糖苷酶用量为1IU/mL的纤维二糖浓度

降低到 11.59g/L, 葡萄糖浓度从未添加的 16.88g/L 增加到 29.08g/L; 当添加 2IU/mL 的 β-葡萄糖苷酶后, 浓缩糖液中的纤维二糖从未添加的 26.93g/L 降低到 4.03g/L, 葡萄糖浓度从未添加的 16.88g/L 增加到 34.20g/L。反应后期, 由于不断增加的葡萄糖浓度抑制了 β-葡萄糖苷酶的活性, 使得纤维二糖的水解速率很慢, 6h 时, 添加 1IU/mL 的 β-葡萄糖苷酶后, 水解液中的纤维二糖和葡萄糖浓度分别为 2.69g/L 和 41.51g/L; 添加 2IU/mL 的 β-葡萄糖苷酶, 水解液中的纤维二糖和葡萄糖浓度分别为 1.93g/L 和 41.37g/L。当底物浓度足够过量而其他条件不变, 且反应体系中不含有抑制酶活性的物质或不利于酶发挥作用的因素时, 酶反应速度与酶用量成正比。由图 5.13 可知, 随着水解时间的延长, 酶用量对 β-葡萄糖苷酶均相水解的速率影响不大, 即高的酶用量和长的水解时间并没有使糖液中的纤维二糖完全降解, 反而会因水解体系中葡萄糖的累积造成 β-葡萄糖苷酶活性的降低。

由图 5.13 可以看出, 随着水解时间的延长, 酶用量对 β-葡萄糖苷酶均相水解反应的速率影响不大, 即高的酶用量和长的水解时间并没有使糖液中的纤维二糖完全降解, 反而会因水解体系中葡萄糖的累积造成 β-葡萄糖苷酶活性的降低。研究表明 β-葡萄糖苷酶水解纤维二糖的最适反应条件 (如温度、pH 等) 与纤维素酶水解纤维素的最适条件有一定的差异。瞿丽莉[26] 从黑曲霉中分离纯化 β-葡萄糖苷酶, 并研究了该酶的最适 pH 值、最适温度、热稳定性和酸碱稳定性等酶学性质, 结果表明当 pH 值达到 4.4 时, β-葡萄糖苷酶的反应活性达到最大值; β-葡萄糖苷酶在 pH 3.4~5.6 范围内静置 2h, 残余酶活均保持在 92% 以上。当温度达到 65℃ 时, β-葡萄糖苷酶的反应活性达到最大值; 在 45~55℃, β-葡萄糖苷酶保温 30min 后, 保持 90% 以上的残余酶活, 而在 55~60℃, 残余酶活力下降很快。因此, 我们希望通过优化 β-葡萄糖苷酶均相水解的条件, 使得均相水解在短的时间内完成, 从而保持 β-葡萄糖苷酶的活力。

5.6.2　响应面法优化 β-葡萄糖苷酶均相水解的条件

响应面分析 (response surface analysis) 是将多因素试验中因素与实验结果的相互关系用多项式近似表达, 把因素与试验结果 (响应值) 的关系函数化, 依次可研究因素和响应值、因素与因素之间的相互关系, 并进行优化。它包括了试验设计、建模、检验模型的合适性、寻求最佳组合条件等众多试验和统计技术。通过对过程的回归拟合和响应曲面、等高线的绘制、可方便地求出相应于各因素水平的响应值，在各因素水平的响应值的基础上，可以找出预测的响应最优值以及相应的实验条件。与正交实验相比，具有在实验条件寻优过程中，可以连续的对实验的各个水平进行分析的优点，而正交实验只能对一个个孤立的实验点进行分析。

　　酶的活力受其环境 pH 值和温度的影响，在一定的 pH 下，酶反应具有最大速度，高于或低于此值，反应速度下降；温度对酶促反应速度的影响有两个方面：一方面温度升高，反应速度加快；另一方面，随着温度升高，酶蛋白逐渐变性，反应速度下降。酶反应的最适温度是这两种作用平衡的结果，在低于最适温度时，前一种效应为主，在高于最适温度时，后一种效应为主。本实验选择温度、pH 值和酶用量为影响 β-葡萄糖苷酶均相水解的三个因素，利用 Design Expert 7.1 软件根据 Box-Behnken 中心组合试验设计原理，以水解液中葡萄糖浓度为响应值，进行三因素三水平的响应面分析法，对均相水解条件进行优化，试验因素与水平设计如表 5.6 所示。

表 5.6　响应面分析因素与水平

水平	因素		
	温度/℃	pH 值	加酶量/(IU/mL)
−1	40	3	1
0	50	4	2
1	60	5	3

　　以温度（A）、pH 值（B）、酶用量（C）为自变量，水解液中的葡萄糖浓度为响应值，试验方案及结果见表 5.7，响应面见图 5.14。

表 5.7　响应面分析方案及实验结果

实验次数	温度/℃	pH 值	加酶量/(IU/mL)	葡萄糖浓度/(mg/mL)
1	40.00	3.00	1.75	34.53
2	60.00	3.00	1.75	50.35
3	40.00	5.00	1.75	35.91
4	60.00	5.00	1.75	45.44
5	40.00	4.00	0.50	36.8
6	60.00	4.00	0.50	42.09
7	40.00	4.00	3.00	50.54
8	60.00	4.00	3.00	55.16
9	50.00	3.00	0.50	53.18
10	50.00	5.00	0.50	52.58

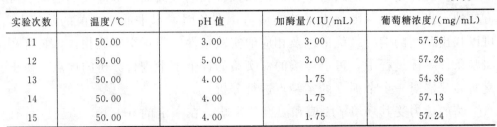

实验次数	温度/℃	pH 值	加酶量/(IU/mL)	葡萄糖浓度/(mg/mL)
11	50.00	3.00	3.00	57.56
12	50.00	5.00	3.00	57.26
13	50.00	4.00	1.75	54.36
14	50.00	4.00	1.75	57.13
15	50.00	4.00	1.75	57.24

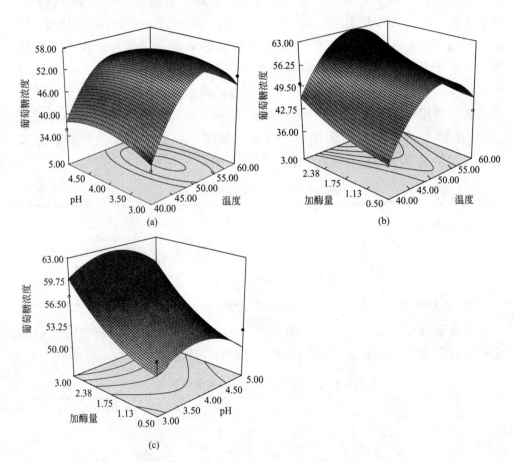

图 5.14　（a）葡萄糖浓度与温度和 pH 的关系（酶用量为 1.75IU/mL）；
（b）葡萄糖浓度与温度和酶用量的关系（pH 为 4）；（c）葡萄糖浓度与 pH 和
酶用量的关系（温度为 50℃）

　　由图 5.14 可知，β-葡萄糖苷酶用量对均相水解液中葡萄糖含量的影响最为显著，表现为曲线较陡；而水解温度与 pH 值次之，表现为曲线较为平滑，且随其数值的增大或减小，响应值变化较小。

采用 Design-Expert 7.1 软件对数据进行回归分析，回归分析结果见表 5.8，各因素经回归拟合后，得到回归方程：$Y=-340.19+12.935A+29.957B+0.106C-0.157AB-0.0134AC+0.06BC-0.118A^2-2.844B^2+1.117C^2$，回归方程中各变量对响应值（葡萄糖浓度）影响的显著性，由 F 检验来判定，概率 $P(F>F_a)$ 值越小，则相应变量的显著程度越高，失拟差项在 $\alpha=0.05$ 水平上不显著 $P=0.1041>0.05$。由表 5.8 可以看出，A、C 和 A^2 均为显著的因素，交互项影响不显著，说明各因素之间交互效应不大。回归方程也是高度显著的，相关系数 $R^2=92.19\%$，说明响应值的变化有 92.19% 来源于所选变量，即酶用量、温度和 pH 值。因此，回归方程可以较好地描述各因素与响应值之间的真实关系，可以利用该回归方程确定最佳均相水解条件。最佳 β-葡萄糖苷酶均相水解纤维二糖的水解条件为温度 52℃，pH 值 4.0，酶用量 1IU/mL，预测葡萄糖浓度为 53.89mg/mL。

表 5.8　方差分析

方差来源	平方和	自由度	均方	F 值	$P(F>F_a)$	显著性
A	155.41	1	155.41	10.31	0.0237	显著
B	2.45	1	2.45	0.16	0.7033	
C	160.83	1	160.83	10.67	0.0223	显著
AB	9.89	1	9.89	0.66	0.4547	
AC	0.11	1	0.11	7.445×10^{-3}	0.9346	
BC	0.022	1	0.022	1.493×10^{-3}	0.9707	
A^2	517.75	1	517.75	34.35	0.0021	显著
B^2	29.87	1	29.87	1.98	0.2183	
C^2	11.25	1	11.25	0.75	0.4271	
总回归	889.52	9	98.84	6.56	0.0260	显著
总残差	75.37	5	15.07			
失拟差	70.05	3	23.35	8.77	0.1041	不显著
误差	5.33	2	2.66			
总离差	964.89	14				
R^2	0.9219					

为了验证 β-葡萄糖苷酶均相水解模型方程的合适性和有效性，在温度 52℃，pH 值 4.0，酶用量 1IU/mLβ-葡萄糖苷酶条件下，进行了最适均相水解纤维二糖糖液（纤维二糖浓度和葡萄糖浓度分别为 26.93g/L 和 16.88g/L）的验证实验，水解 1h，水解液中葡萄糖浓度分别为 53.13mg/mL、52.37mg/mL 和 52.93mg/mL（重复 3 次）。证明此模型是有效的，并具有一定的实践指导意义。

5.6.3 超滤技术回收均相水解液中的 β-葡萄糖苷酶

分离膜具有选择性透过功能，它能使流体内的一种或几种物质透过，而其他物质不透过，从而起到浓缩和分离纯化的作用。将超滤技术用于分离回收或浓缩、精制生物酶的一个显著特点是能够维持酶的活性，减少失活，提高酶的回收率或纯度。在利用 β-葡萄糖苷酶水解纤维二糖的体系中，由于 β-葡萄糖苷酶分子量与纤维二糖和葡萄糖分子量相差较大，因而，可以考虑利用超滤技术回收 β-葡萄糖苷酶。以 1IU/mL 的 β-葡萄糖苷酶，在 pH 值 4.0、50℃和150r/min 的恒温摇床中水解纤维二糖糖液（纤维二糖浓度和葡萄糖浓度分别为 26.93g/L 和 16.88g/L）1h，用 30kDa 的超滤膜回收 β-葡萄糖苷酶。回收的 β-葡萄糖苷酶用于下一批次分段水解所得糖液的浓缩液中纤维二糖的水解，重复使用 8 批次，β-葡萄糖苷酶水解得率和回收率如图 5.15 所示。

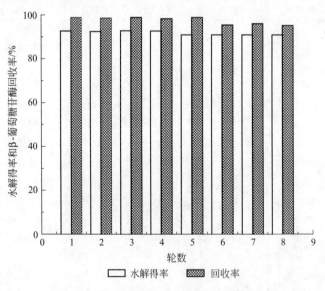

图 5.15　β-葡萄糖苷酶水解得率和回收率

由图 5.15 可知，回用第一轮酶回收率为 98.87％，纤维二糖水解为葡萄糖的得率为 92.71％；回用至第八轮酶回收率为 95.25％，纤维二糖水解为葡萄糖的得率为 90.87％。实验过程中由于纤维二糖的水解液中几乎不含固形物，所以超滤的负荷较小。赵林果[27]以 5g/L 纤维二糖为底物，酶用量为 0.5IU/mL，在 pH 值 4.8，50℃，120r/min 条件下酶解 6～12h。用 30kDa 的超滤膜连续超滤回收 β-葡萄糖苷酶第一轮的酶回收率和平均膜通量

分别为 99.5% 和 109.4L/（m² · h），第二十轮回收的 β-葡萄糖苷酶为初始加
酶量的以上 90% 以上，且平均膜通量为 79.2L/（m² · h）。所以，利用超滤
技术回收纤维二糖水解液中的 β-葡萄糖苷酶是一种非常有效的方法。利用超
滤技术回收均相水解液中的 β-葡萄糖苷酶避免了非均相水解体系中的膜堵塞
现象，并且短的水解时间不易使酶失活，是一种值得进一步研究和推广的
技术。

　　在 β-葡萄糖苷酶均相水解过程中，除了超滤技术回收 β-葡萄糖苷酶外，
酶固定化无疑是值得推荐的另一种技术。酶的固定化是通过化学或物理手段
将酶与载体相结合，使之在一定的限定空间范围内进行催化反应并使其保持
活性和可反复使用的技术。酶固定化后，对热、pH 等的稳定性提高，对抑
制物的敏感性降低；反应完成后经过简单的过滤或离心，酶就可以回收，且
酶活力降低较少；固定化技术适合与连续化、自动化工程生产，催化过程易
于控制，改善了后处理过程，提高了酶的利用效率，降低了生成成本。赵林
果[27]以海藻酸钠为载体固定 β-葡萄糖苷酶，固定化酶催化效率高，催化性
能稳定，重复利用 20 次仍能保持 90% 以上的酶解得率。朱均均[28]以壳聚糖
为载体固定化 β-葡萄糖苷酶，重复分批酶解 10g/L 的纤维二糖，操作半衰
期为 31d 左右。Tu[29]用 Eupergit C 固定化 β-葡萄糖苷酶，比较添加固定化
和游离 β-葡萄糖苷酶对纸浆的酶解效果，固定化酶可循环使用 6 轮，第一轮
葡萄糖转化率为 80%，第六轮转化率为 75%，显示了固定化的 β-葡萄糖苷
酶在 288h 内的良好操作稳定性。但是 β-葡萄糖苷酶的固定化对载体材料具
有很高的要求，载体材料的价格还直接影响固定化酶能否真正用到实际生
产中。

5.7　酶水解工艺成本分析

　　以木质纤维生物质制备燃料乙醇主要经过原料预处理，纤维素酶制备和
水解，糖液（戊糖、己糖）乙醇发酵和酒精蒸馏、脱水等技术，如图 5.16
所示。美国能源部（DOE）预期在 2030 年生产每加仑乙醇的价格为 1.07 美
元，在现有技术条件下，估计纤维素酶水解成本将占总费用的 40%。在前
面的基础之上，已经建立了一条高底物浓度下的纤维素酶分段水解，β-葡萄
糖苷酶均相水解，并超滤回收的木质纤维原料糖化的工艺路线。下面将以纤
维素酶一段水解蒸汽爆破玉米秸秆的成本分析作为对照，进一步分析纤维素

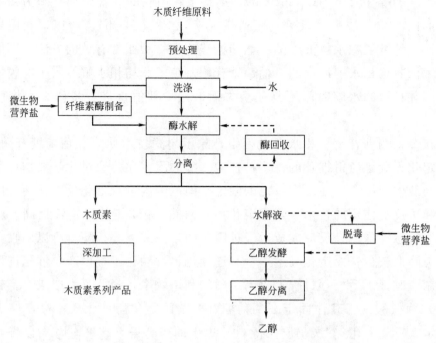

图 5.16　木质纤维原料生物转化为燃料乙醇技术路线示意图

酶三段水解蒸汽爆破玉米秸秆工艺的优越性，为工业化生产储备技术。

5.7.1　工艺技术指标和基础数据

（1）生产规模：年产 1 万吨乙醇（日产 27.8t，需葡萄糖 70t/d，不计戊糖）。

（2）生产方法：蒸汽爆破预处理、以蒸汽爆破玉米秸秆为碳源制备纤维素酶、纤维素酶一段式水解（纤维素水解得率 51.64％）；蒸汽爆破预处理、以蒸汽爆破玉米秸秆为碳源制备纤维素酶、纤维素酶（9h＋9h＋12h）三段式水解（纤维素水解得率 70.41％）。

（3）生产天数：360 天。

5.7.2　工艺流程

纤维素酶一段式水解的工艺设计主要是以蒸汽爆破玉米秸秆为碳源制备的自产纤维素酶 A（酶用量为 20FP IU/g 纤维素），起始底物浓度为 15％，在水解 3h、4h 和 5h 后，分别补加 5％绝干蒸汽爆破玉米秸秆于反应器中，使体系中最终的底物浓度达到 30％。于 50℃、pH 值 4.8 和搅拌速度 150r/min

的酶解反应器中水解 72h，酶水解结束后进行固液分离、残渣洗涤。主要工段包括纤维素酶一段式水解蒸汽爆破玉米秸秆、固液分离、滤渣洗涤和水解糖液浓缩，其生产工艺流程如图 5.17 所示。

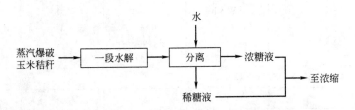

图 5.17　日产 27.8t 乙醇的纤维素酶一段水解工艺流程图

纤维素酶三段式水解的工艺设计主要是以蒸汽爆破玉米秸秆为碳源制备的自产纤维素酶 A（酶用量为 20FP IU/g 纤维素），起始底物浓度为 15%，在水解 3h、4h 和 5h 后，分别补加 5% 绝干蒸汽爆破玉米秸秆于反应器中，使体系中最终的底物浓度达到 30%。于 50℃、pH 值 4.8 和搅拌速度 150r/min 的酶解反应器中水解 9h，酶水解结束后进行固液分离、残渣洗涤。在第二段水解开始时加入新鲜纤维素酶（酶用量为 3FP IU/g 纤维素），继续和一段水解残渣反应 9h，酶水解结束后进行固液分离、残渣洗涤。在第三段水解开始时加入新鲜纤维素酶（酶用量为 2FP IU/g 纤维素），继续和二段水解残渣反应 12h，酶水解结束后进行固液分离、残渣洗涤。第三段洗涤液作为循环液体增浓糖液。主要工段包括纤维素酶一段、二段和三段水解蒸汽爆破玉米秸秆、固液分离、滤渣洗涤和水解糖液浓缩。其生产工艺流程如图 5.18 所示。

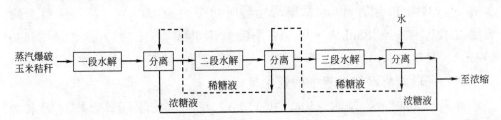

图 5.18　日产 27.8t 乙醇的纤维素酶三段（9h＋9h＋12h）水解工艺流程图

5.7.3　纤维素酶一段式水解蒸汽爆破玉米秸秆的成本分析

日产 27.8t 乙醇的纤维素酶一段水解蒸汽爆破玉米秸秆过程的成本分析（表 5.9）说明如下。

表 5.9 纤维素酶一段式水解蒸汽爆破玉米秸秆的成本分析

项目	单位	数量	单价/元	金额/元
蒸汽爆破玉米秸秆	—	301	480	144480[28]
纤维素酶	—		—	28163[28]
电	kW·h	34560	0.8	27648
水	t	1153	1	1153
汽	t	190	100	19000
工人	人	10	50	500

水解小计:221194 元/d(折合 3160 元/t 糖)

蒸发	t	683	20	13660

蒸发小计:18660 元/d(折合 195 元/t 糖)

合计:3355 元/t 糖

（1）玉米秸秆及其蒸汽爆破预处理

日产乙醇 27.8t，每天需葡萄糖 70t。纤维素酶一段水解蒸汽爆破玉米秸秆 72h 的水解得率为 51.64%，故需绝干蒸汽爆破玉米秸秆 301t（计算依据：$301 \times 0.4509 \times 1.1 \times 0.5164 = 70t$）。根据陈尚钘和杨静计算[30,31]，20t 玉米秸秆及其蒸汽爆破预处理的成本为 9600 元，则本实验的玉米秸秆及其蒸汽爆破预处理的成本为 $9600/20 \times 301 = 144480$ 元。

（2）纤维素酶

纤维素酶价格按陈尚钘博士和杨静博士论文[30,31]计，6t 葡萄糖需纤维素酶费用为 2414 元，则 70t 糖需 $2414 \div 6 \times 70 = 28163$ 元。

（3）一段式酶水解过程中的耗电量

301t 原料需水 903t，按每个罐装液量 255m³，需 300m³ 酶解罐 4 个；酶水解 3d，共需 12 罐。300m³ 酶解罐运转时功率约为 120kW，故每天每个酶解罐需 $120 \times 24 = 2880$kW·h，12 个酶解罐共需电 $12 \times 120 \times 24 = 34560$ kW·h；每度电按 0.8 元计算，则每天电费为 27648 元。

（4）一段式酶水解过程中的耗水量

每天 903t 糖液，洗水 250t，共 1153t。每吨水按 1 元计，则每天水费 1153 元。

（5）一段式酶水解过程中的蒸汽耗量

按 16t 水由室温加热到 50℃ 需要 1t 蒸汽（0.1MPa），共需蒸汽 $255 \times 12/16 = 190$t。每吨蒸汽按 100 元计，则每天蒸汽费用为 $190 \times 100 = 19000$ 元。

（6）工人

五班三倒，共 10 人（每班 2 人），则每天 50 元/人。

（7）糖液蒸发至 150g/L 的费用

每天 903t 糖液，洗水 250t，共 1153t，蒸发至糖液 150g/L，即 470t，需蒸发水 683t。按蒸发每吨水 20 元，则每天蒸发水费用为 683×20＝13660 元。

5.7.4　纤维素酶三段水解蒸汽爆破玉米秸秆的成本分析

日产 27.8t 乙醇的纤维素酶三段（9h＋9h＋12h）水解蒸汽爆破玉米秸秆过程的成本分析（见表 5.10）说明如下。

表 5.10　纤维素酶三段（9h＋9h＋12h）水解蒸汽爆破玉米秸秆的成本分析

项目	单位	数量	单价/元	金额/元
蒸汽爆破玉米秸秆	—	201	480	96480
纤维素酶	—	—	—	28163
电	kW·h	17280	0.8	13824
水	t	2559	1	2559
汽	t	95.6	100	9560
工人	人	10	50	500
水解小计:151086 元/d(折合 2158 元/t 糖)				
蒸发	t	2089	20	41780
蒸发小计:41780 元/d(折合 597 元/t 糖)				
合计:2755 元/t 糖				

（1）玉米秸秆及其蒸汽爆破预处理

日产乙醇 27.8t，每天需葡萄糖 70t。纤维素酶三段水解蒸汽爆破玉米秸秆 30h 的水解得率为 70.41%，故需绝干蒸汽爆破玉米秸秆 201t（计算依据为：201×0.4509×1.1×0.7041＝70t）。根据陈尚钘博士和杨静博士论文[29,30]，20t 玉米秸秆及其蒸汽爆破预处理的成本为 9600 元，则本实验的玉米秸秆及其蒸汽爆破预处理的成本为 9600/20×201＝96480 元。

（2）纤维素酶

纤维素酶价格按陈尚钘博士和杨静博士毕业论文[30,31]计，6t 葡萄糖需纤维素酶费用为 2414 元，则 70t 糖需 2414÷6×70＝28163 元。

（3）三段式酶水解过程中的耗电量

201t 原料需水 603t，按每个罐装液量 255m³，需 300m³ 酶解罐 3 个；酶水解 30h，共需 6 罐。300m³ 酶解罐运转时功率约为 120kW，故每天每个酶解罐需 120×24＝2880kW·h，4 个酶解罐共需电 6×120×24＝17280kW·h；

每度电按 0.8 元计算，则每天电费为 13824 元。

（4）三段式酶水解过程中的耗水量

每天 1809t 糖液，洗水 750t，共 2559t。每吨水按 1 元计，则每天水费 2559 元。

（5）三段式酶水解过程中的蒸汽耗量

按 16t 水由室温加热到 50℃需要 1t 蒸汽（1kgf/cm²），共需蒸汽 255× 6/16＝95.6t。每吨蒸汽按 100 元计，则每天蒸汽费用为 95.6×100＝ 9560 元。

（6）工人

五班三倒，共 10 人（每班 2 人），则每天 50 元/人。

（7）糖液蒸发至 150g/L 的费用

每天 1809t 糖液，洗水 750t，共 2559t，蒸发至糖液 150g/L，即 470t，需蒸发水 2089t。按蒸发每吨水 20 元，则每天蒸发水费用为 2089×20＝ 41780 元。

由表 5.9 和表 5.10 可知，日产乙醇 27.8t，每日需要葡萄糖 70t，采用纤维素酶一段式水解蒸汽爆破玉米秸秆工艺，每吨糖的生产成本为 3355 元；采用纤维素酶三段式水解蒸汽爆破玉米秸秆工艺，每吨糖的生产成本为 2755 元。采用一段式酶水解技术生产 1t 糖的生产成本较三段式水解高，主要是因为要获得相同的重量的糖液，一段水解所需的原料较三段水解多，一段式水解需要蒸汽爆破玉米秸秆 301t，而三段式水解需要蒸汽爆破玉米秸秆 201t。其二是一段式酶水解过程的电量和蒸汽消耗量较三段式酶水解高，每天生产 70t 糖，一段式水解需要 6 个酶解罐，而三段式水解过程由于水解效率的提高和水解时间的缩短，仅需 4 个酶解罐，故电量和蒸汽消耗量只是一段式水解的三分之二。当然，与一段式水解相比，三段式水解过程的耗水量是三段式水解的三倍，一段式水解和三段式水解的耗水量（包括酶解和洗涤）分别为 1153t 和 2559t。耗水量大就意味着三段式水解的蒸发负荷较一段式水解大，故水解结束后的糖液浓缩工段的费用比一段式水解高。做此经济分析的目的只是希望从另一个方面证明分段水解技术的可行性，真正用于大规模工业生产时，很多技术还将改进，比如可用废气和稀糖液的循环利用。

参 考 文 献

[1] Zacchi G，Axelsson A. Economic evaluation of preconcentration in production of ethanol from dilute sugar

solutions [J]. Biotechnology and Bioengineering，1989，34：223-233.

[2] Stenberg K，Bollok M，Reczey K. Effect of substrate and cellulase concentration on simultaneous sac-charification and fermentation of steam-pretreated softwood for ethanol production [J]. Biotechnology and Bioengineering，2000，68：204-210.

[3] Wingren A，Galbe M，Zacchi G. Techno-economic evaluation of producing ethanol fromsoftwood：comparison of SSF and SHF and identification of bottlenecks [J]. Biotechnology Progress，2003，19：109-1117.

[4] Rosgaard L，Andric P，Dam-Johansen K，Pedersen S，Meyer M S. Effects of substrate loading on enzymatic hydrolysis and viscosity of pretreated barley straw [J]，Applied Biochemistry and Biotechnology，2007，143：27-40.

[5] Jørgensen H，Kristensen J B，Felby C. Enzymatic conversion of lignocellulose into fermentable sugars：challenges and opportunities [J]. Biofuels，Bioproducts &. Biorefining，2007，1：119-134.

[6] Panagiotou G，Olsson L. Effect of compounds released during pretreatment of wheat straw on microbial growth and enzymatic hydrolysis rates. Biotechnology and Bioengineering，2007，96：250-258.

[7] Cantarella M，Cantarella L，Gallifuoco A，Spera A，Alfani F. Effect of inhibitors released during steam-explosion treatment of poplar wood on subsequent enzymatic hydrolysis and SSF [J]. Biotechnology Progress，2004，20：200-206.

[8] Palmqvist E，Hahn-Hägerdal B，Galbe M，Zacchi G. The effect of water-soluble inhibitors from steam-pretreated willow on enzymatic hydrolysis and ethanol fermentation [J]. Enzyme and Microbial Technology，1996，19：470-476.

[9] Clark T，Mackie K L. Fermentation inhibitors in wood hydrolysates derived from the softwood Pinus radiata [J]. Journal of Chemical Technology and Biotechnology，1984，34B：101-108.

[10] Rudolf A，Alkasrawi M，Zacchi G，Lidén G. A comparison between batch and fed-batch simultaneous saccharification and fermentation of steam pretreated spruce [J]. Enzyme and Microbial Technology，2005，37：195-204.

[11] Varga E，Klinke H B，Reczey K，Thomsen A B. High solid simultaneous saccharification and fermentation of wet oxidized corn stover to ethanol [J]. Biotechnology &. Bioengineering，2004，88：567-574.

[12] Lu Y F，Wang Y H，Xu G Q，Zhang S L. Influence of High Solid Concentration on Enzymatic Hydrolysis and Fermentation of Steam-Exploded Corn Stover Biomass [J]. Applied Biochemistry and Biotechnology，2010，160（2）：360-369.

[13] 刘超纲. 分批添料纤维素酶水解研究 [J]. 林产化学与工业，1995，16（1）：58-62.

[14] Cara C，Moya M，Ballesteros I，Negro M J，González A，Ruiz E. Influence of solid loading on enzymatic hydrolysis of steam exploded or liquid hot water pretreated olive tree biomass [J]. Process Biochemistry，2007，42：1003-1009.

[15] Chen M，Zhao J，Xia L M. Enzymatic hydrolysis of maize straw polysaccharides for the production of reducing sugars [J]. Carbohydrate Polymers，2008，71：411-415.

[16] Knutsen J S，Davis R H. Cellulase retention and sugar removal by membrane ultrafiltration during lignocellulosic biomass hydrolysis [J]. Applied Biochemistry and Biotechnology，2004，113-116，585-598.

[17] Ballesteros M. ，Oliva J. M，Negro M J，Manzanares P，Ballesteros I. Ethanol from lignocellulosic materials by a simultaneous saccharification and fermentation process（SFS）with Kluyveromyces marxianus CECT 10875 [J]. Process Biochemistry，2004，39：1843-1848.

[18] Jørgensen H，Vibe-Pedersen J，Larsen J，Felby C. Liquefaction of Lignocellulose at High-Solids Concentrations [J]. Biotechnology and Bioengineering，2007，96（5）：862-870.

[19] Tu M B. Enzymatic hydrolysis of lignocelluloses cellulose enzyme adsorption and recycle [M]，Columbia：Doctor paper in the University of British Columbia，2006.

[20] Berlin A，Gilkes N，Kurabi A，Bura R，Tu M B，Kilburn D，Saddler J. Weak Lignin-Binding Enzymes [J]. Applied Biochemistry and Biotechnology，2005，5：121-124.

[21] BÖrjesson J，Peterson R，Tjerneld F. Enhanced enzymatic conversion of softwood lignocellulose by poly (ethylene glycol) addition [J]. Enzyme and Microbial Technology，2007，40：754-762.

[22] 鲁杰，石淑兰，杨汝男，牛梅红，宋文静. 纤维素酶酶解苇浆纤维微观结构和结晶结构的变化 [J]. 中国造纸学报，2005，20（2）：85-90.

[23] Cao Y，Tan H. Study on crystal structures of enzyme-hydrolyzed cellulosic materials by X-ray diffraction [J]. Enzyme and Microbial Technology，2005，36：314-317.

[24] Zhu L，O'Dwyer J P，Chang V S，Granda C B，Holtzapple M T. Structural features affecting biomass enzymatic digestibility [J]. Bioresoure Technology，2008，99：3817-3828.

[25] 高培基. 纤维素酶降解机制及纤维素酶分子结构与功能研究进展 [J]. 自然科学进展，2003，13（1）：21-29.

[26] 瞿丽莉. β-葡萄糖苷酶的分离纯化及在纤维素水解上的应用 [D]. 南京：南京林业大学硕士论文，2008.

[27] 赵林果. β-葡萄糖苷酶的制备与回收利用及其基因的克隆表达 [D]. 南京：南京林业大学博士论文，2007

[28] 朱均均. β-葡萄糖苷酶的固定化及纤维素辅助水解技术 [D]. 南京：南京林业大学硕士论文，2006.

[29] Tu M B，Zhang X，Kurabi A，Gilkes N，Mabee W，Saddler J. Immobilization of β-glucosidase on eupergit C for lignocellulose hydrolysis [J]. Biotechnology Letter，2006，28：151-156.

[30] 陈尚钘. 木质纤维原料制取燃料乙醇的预处理研究 [D]. 南京：南京林业大学博士学位论文，2009.

[31] 杨静. 高底物浓度的木质纤维分段酶水解技术的研究 [D]. 南京：南京林业大学博士学位论文，2010.